新装版

ことわざの生態学

―森・人・環境考―

只木良也 著

丸善出版

龍頭蛇尾——はじめに——

日頃なにげなく使っている故事ことわざのたぐいに、あるときふっと深い意味を感じることがあります。それが本来意味するところとは違っていても、そのことわざがピッタリと感じられることもしばしばです。

私の専門は森林の生態学ですが、日頃見聞きする、また扱っている自然現象を、故事ことわざのあるものがうまくいい表している、あるいは故事ことわざから連想される自然現象がいくつもあることに、前々から興味を持ってきました。

たとえば、アカショウビンという水辺の鳥がいます。見事なダイビングで嘴に捕らえた魚を木の枝に持ち帰り、魚を何度も枝に叩きつけ、その骨を砕いてから呑み込みます。「木に依りて魚を求める」アカショウビンですが、たまに叩きつけに失敗して、せっかく骨を砕いた魚を落してしまうことがあります。「骨折り損のくたびれ儲け」なのでした。

実は、「ことわざの生態学」というタイトルは、ずっと以前から心に抱いていました。故事ことわざのたぐいを、生態学的に、あるいは森林学的に解釈して綴ってみたら、場合によってはそれに人文・社会学的な色付けをしてみたら、という考えでした。

機会あって一九七九年から二年間、このタイトルで「林業技術」誌（日本林業技術協会）に、二四回連載させていただき、ある程度の好評を得ることができました。それからしばらく時を経た今、この連載記事を骨格とし、その後書き溜めたもので肉付けして全面的に書き改め、もちろんいくつかの話題も書き加えて、この書物の構成を考えてみました。一九九七年三月に教壇を去る私自身への記念に、という想いも込めて。

ことわざとは題したものの、テーマは、故事、ことわざ、成句、よく知られた熟語などさまざまです。それらを生態学的に、とくに森林がらみで、面白くまた現代風にも解釈してみようという意図です。少し欲張って、文明・社会時評と、永年接してきた森林への私の想い入れを綴ることも試みています。「こじつけの生態学」になるかも知れませんが、「棒ほど願って針ほど叶う」ともいいます。ここでは、「始めは処女の如く…」でなく、まず大風呂敷を広げて意気込みだけは大きく、蛇尾に終わるかも知れない龍頭を持ち挙げておきます。「羊頭を掲げて狗肉を売る」ことにならないようには、努めるつもりです。ひょっとして、アカショウビンの二の舞になってしまうかも知れませんが。

只木　良也

目次

枝葉末節

あとは野となれ山となれ

情けは人の為ならず

高山の頂には美木なし

樹あるを以て貴しとなす

目には青葉　山ほととぎす　初鰹

花の生命は短くて

山川草木悉皆成佛

風が吹けば桶屋が儲かる

文明の前には森林があり
文明の後には砂漠が残る

国破れて山河在り

「国破れて山河在り　城春にして草木深し……」杜甫の春望詩。国は戦乱に疲れ果てたが、山河だけは残された、巡りきた春にも城には草木が生い茂る、戦乱の後の虚しさが、しみじみと感じられます。しかし見方によっては、国破れたりといえども山河があり、草木が生い茂るのは、まだ幸いだとも考えられるのです。

春望　　杜甫

國破山河在　城春草木深
感時花濺涙　恨別鳥驚心
烽火連三月　家書抵萬金
白頭掻更短　渾欲不勝簪

昭和二十年、太平洋戦争終結のときもそうでした。大陸からの引揚船上から故国の緑の山を見て涙する引揚の人々のモノクロ映像は、いつ見ても感動的です。戦争には敗れた、しかし、緑の山河はそのままだった。引揚の人々に限らず、あの戦争を生き抜いてきた人々は、戦後大なり小なりその感慨を持ったことでしょう。ところがその山河にも深い傷跡が残されていました。戦時中、木材も重要な戦力でした。材木としてはもちろん、鉄やアルミの、またガソリンの代役としても貴重でした。太平洋戦争の末期には、物資は何もかも底を突き、マツの根を掘り起こして蒸留し、飛行機燃料用に松根油を取るまでに至ったのでした。まさに「根こそぎ」の利用でした。

そして敗戦。戦後の復興にはまた大量の木材が必要で、森林の伐採が進みました。戦中戦後の大伐採の結果の裸山が、昭和二十三年には全国で何と一五〇万ヘクタール、岩手県の面積に当たるほどにも達したのでした。伐採跡に植栽すべきことはわかっていても、何しろ食うのに精一杯の時代でした。苦しい何年かが過ぎ、人々も敗戦の虚脱から立ち直り始めました。何度も台風に襲われて、相次ぐ風水害は山を荒らしたせいだという反省から、国土緑化の気運が盛り上がりました。昭和二十五年、第一回国土緑化大会、山梨県にて開催。これは今の全国植樹祭や緑の羽根募金へと展開してゆくのですが、これを引き金にして全国の造林熱は高まり、わずか六年にして、一五〇万ヘクタールの裸山の植栽が完了しました。それはすばらしい努力でした。

国破れて、荒れた山河でした。しかしその山河が、まだ回復能力を残した土を持っていたのは、わが国の幸いでした。そして雨が多くて夏暑いというわが国の気候条件が、その森林回復を支えてくれたのでした。国破れても山河はあったのです。

土壌は文明の母といわれています。土壌は人間生活にとって必要な食料や資材を生産する基盤ですが、その生産物から人間が生きていくのに必要な分を差し引いた残り、すなわち余剰生産物によって文明は成り立ちます。「衣食足りて礼節を知る」といいますが、食うのに精一杯の段階から一歩進んで、余剰生産物があってはじめて生活に余裕ができ、それを基にして文明が生まれ、余剰生産物の増加は文明を発達させます。それは当然その土壌生産力に左右されますから、文明の発達と維持は、土壌生産力がいかに維持され、強化されるかにかかっているわけです。

昭和三十年代。経済成長期に入ったわが国の木材需要量は急増しますが、戦後に植えたばかりの木はまだ使えません。木材不足から木材価格は急騰し、これが引き金となって諸物価が上昇します。「もっと木材を」「国有林はなぜ伐り惜しむのか」これが当時の新聞論調でした。増伐、奥地天然林の伐採、木材生産の能率の良い人工林も拡大していきました。木材価格の高騰のために、それまで望めなかった海外からの木材輸入でも採算がとれるようになり、昭和三十八年には木材貿易が自由化されて、外材がどっと押し寄せます。

昭和四十年代半ば、公害と呼ばれる環境汚染が広がりました。経済成長の夢から醒めた人々の目に映じたのは、変わり果てた国土の姿でした。ゴルフ場や別荘地に変貌した森林、見渡すかぎりの伐採跡、山肌を切り裂き谷を泥で埋めた道路、赤い地肌の砂利採り跡、ドブのような川……。国敗れても残った山河は、国栄えて滅びつつありました。その後一旦反省期に入ったものの、落ち着くまもなく、昭和から平成に至るバブル経済の時代、また同じ事態が繰り返されました。

こうした経過は、確実に都市集中型の社会構造を生んでいきました。山村の力は衰え、過疎化が進みました。安い輸入外材は山村の生活基盤であった林業を圧迫し、戦後から営々として植え続けて、全国の森林面積の四割に当たる一千万ヘクタールに達した人工林は、手入れが必要な時期を迎えてもその人手がありません。手入れ不足の結果、土保全、水保全の能力も充分でない弱々しい人工林が広がる危険な状態が、森林地域のここそこに生まれたのでした。

地球上の土は、たんなる鉱物ではありません。それは、土の上や中に生育する生物たちが、長い時間をかけて非生物的な自然環境に力を貸して熟成させ、またその維持に力を尽くしてきた結果の産物です。土の生成に背を向け、維持に協力しない生物は、地球上での存在を否定されても致し方なく、自らが先に滅びざるを得ないのです。

この自然界の法則は、ヒトという生物にも、もちろん適用されます。ほんの最近、わずか数百万年前に地球上に出現したばかりの、新参者のヒトという生物は、長い長い年数をかけて、生物圏がつくり上げてきた土を、もっとありがたく使わせて頂くべきだったのです。今、道具を使い火を使う人間の行為は、土に対して破壊的で、自然界からみれば多分に目に余ることなのです。ヒトという生物の行く末に疑問符が打たれるのも、当然かも知れません。

国破れても山河があり、草木が茂るということは、そこに土壌の生産力が残されていることを意味します。見た目の国栄えることの代償に山河を提供し、またそのために土壌を失い土壌生産力を収奪し尽くすとすれば、それは果たして「繁栄」なのでしょうか。

百年河清を俟《ま》つ

黄河、それは時には北へ南へと向きを変えながら、中国大陸を東西に横切る大河。延長四八四五キロメートル、流域面積七五〇〇万ヘクタール、何とわが国の面積の倍以上にも達します。黄河の水は、その中下流に数千年も昔に文明を発祥させ、そこに数多くの国々が興亡を繰り返しました。その水源地域が広がるのが黄土地帯。これから絶えず流し出される土砂によって、河の水はいつも黄色く濁っていました。黄河の名の由来です。

今から二千五百年も前の春秋戦国の時代には、黄河流域の国々は互いに抗争を繰り返していました。晋と楚という二つの大国に挟まれた鄭の国は、独立を保つのに精一杯だったのに、つい楚の属国である蔡に手を出してしまいました。怒った楚はたちまち鄭を攻撃。鄭の政府は、楚に降伏しようという組と、晋に助けを求めようという組に二分されました。降伏組はこう主張しました。「周詩にいうがごとく、黄河の濁りはいつまでたっても澄みません。河の澄むのを待つのに比

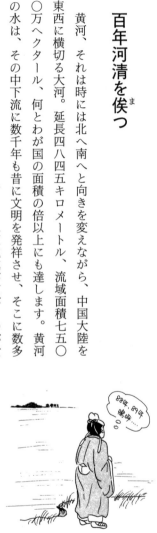

べて、人間の寿命は何と短いことでしょう。晋の助けなど、河の濁りが澄むのを待つようなもの、いつまで待ってもラチがあかないでしょう――周詩在之　日俟河之清　人寿幾何――」。

黄河の水の濁りが澄むことがないように、いかに待っても望みが達せられないことをいうのが「百年河清を俟つ」です。百年といえば、ほとんど永久の意味です。昔の契約には「九九年」というのがよくありました。これは言外に「半永久」をいっていたのですが、最近はこれが実際の有効期限として扱われています。一九九七年、香港の租借期限切れもそれでした。

「百年河清を俟つ」、さらには「黄河は千年に一度澄む」とも。華北文明、それは黄河の力で養われたといってよいでしょう。その水源流域を覆う黄土は、内陸の湿気の乏しい地方の岩石の塵のように細かい風化物が風に運ばれ堆積したもので、それは一般に肥沃な土をつくりますから、黄河によって適度に運び出された黄土が平野に堆積することは、農業生産のための地力を維持する上で重要でした。しかし、華北文明が最盛期を迎える紀元前五百年ごろから、遊牧民によって水源地帯の森林が荒らされ、またその土壌も侵食を受けやすい黄土であったことから、黄河は豊かな農業生産を約束する「幸河」から、禍をもたらす洪水の「荒河」に変わります。

水源地帯の土の保水力は、森林によって養われています。森林の樹木は落葉をはじめとする有機物を絶えず土に供給し、これらが腐りながら混ざっていくことによって、よく水を滲み込ませ、保水力の大きい、排水性、通気性にも優れた土の構造、団粒構造を発達させます。

団粒構造の発達した森林では、降った雨は土に滲み込みやすくなります。その水浸透能力は、草原の四割増し、山崩れ跡地の三倍、固い歩道の二〇倍にも達するといわれます。土の中へ浸透した水は、土の中をゆっくり動いて時間をかけて川に出ますから、水源に良い森林があれば、降水直後に川が急増水して洪水を起こすことなく、また日照りが続いても水が涸れることはありません。つまり川の水量の変動を小さくするわけで、これが森林の水源涵養と呼ばれる働きです。

水がよく浸透することは、それだけ地表を流れる水が少ないということですから、水に流される土の量も抑えられます。それに、地表に落葉があれば、激しく地表を叩く雨で土の粒子が飛び散って流されるのも妨げられますし、樹木や下草が障害物になって地表を流れる水の速度も鈍ります。樹木の根が土や石を抱きかかえて、崩れにくくしている働きも見逃せません。

こうした条件が重なれば、森林のお陰で土の侵食はずいぶん防ぐことができます。たとえば、森林に比べると侵食量は、農地、裸地、荒廃地の順に十倍ずつくらい増えるといいます。


森林が荒れた黄河の水源地帯では、こうした水や土を保全する能力が失われてしまったわけで、その下流の治水は為政者の大きな仕事となりました。尭《ぎょう》、舜《しゅん》など古代の伝説上の帝王たちも治水に努力したといいますが、「水を治めるものは天下を治める」の言葉が生まれたのも無理ありません。しかしながら、押し流されてくる土砂は黄河の河床を高め、洪水という水と土の連合軍は、華北文明に直撃を繰り返しました。度重なる洪水禍によって文明はこの地を見捨て、その中心はやがて華中、華南へと移ってゆきます。

中国の憂いといわれる黄河の氾濫は、過去三千年間に二年に一度の割で繰り返されたといいます。水の中に含まれる土砂量を「河水一石其泥一斗」と表現していますが、中流の陝《せん》県での、水一立方メートル中の土砂量年平均三四キログラム、最大五八〇キログラムという世界の河川中堂々第一位の測定値をみれば、それはまんざら白髪三千丈式の誇大表現ともいえません。現在、水源の緑化や河川改良工事が大規模に進められていると聞きます。今しばらくすると、黄河は数千年にしてはじめて澄むかも知れませんが。

エジプト文明も、ナイル河のもたらす沃土に養われたといいます。しかし十八世紀、源流の森林を白人が壊しはじめると、ナイルは水害の河と姿を変えます。その対策として建設されたアスワンダムは、ダムに土を堆積させて平野への沃土供給を停止し、建設された水路は、一定の温度と水量を保つことが逆目に出て、予想外の病気の発生源となりました。文明と水と土そして森林、なかなか一筋縄ではいきそうにありませんが、根本は森林破壊ということは間違いなさそうです。それは、メソポタミアも、地中海も、その他世界のあらゆる文明の地に共通のようです。

飛鳥川の淵瀬

世の中は何か常なる飛鳥川　昨日の淵ぞ今日は瀬となる

九〇〇年代初頭編纂の、古今和歌集所収、詠人知らずの歌です。世の中の変遷、人の浮き沈みがはげしく、諸行定めなき無常の様を、淵が瀬にと姿を変える飛鳥川の流れに託したもので、これが後に「飛鳥川の淵瀬」のたとえを生みました。平安前期の歌人伊勢は、

定めなき世を聞くころの涙こそ　袖の上なる淵瀬なりけれ

と詠み、また時代を下って鎌倉時代の徒然草にも、「飛鳥川の淵瀬ならぬ世にしあれば……」と用いられています。

飛鳥川は、大和平野の南、稲淵山に源を発し、扇状地をつくりながら飛鳥地方を貫流、神武天皇即位の地と伝えられる畝傍山《うねびやま》、白妙の衣ほす天香久山《あまのかぐやま》の間を流れ出て、大和平野を北上、やがて聖徳太子ゆかりの斑鳩《いかるが》の里近くで、奈良からの佐保川などと合流して大和川となります。延長三〇キロメートル程度の川ながら、その流域は日本文化のふる里、飛鳥文化の中心地、文化財の宝庫です。文化の源流はもちろん中国大陸でしたが、それがわが国にようやく根を降ろし、風土

に育まれながら、それ以前とは比べ物にならない新しさで、わが国のものとして展開していったのがこの飛鳥時代でした。それは、来るべき天平時代の華やかな開花を約束するものでした。

文化文明の華が開くところには、それを育てる人々の生活が必要です。人々の生活を支えるには、自然の生産力という恵みが不可欠です。飛鳥文化を支えたものの一つが、この地を潤した飛鳥川でした。それは、飛鳥人たちの生活用水であり、農業用水であり、排水路でもありました。

文化の進展にとって、木材もまた重要な資源でした。そのころは、天皇が変わると都も移動したので、次々と造営される宮殿、寺院、住居などの建築に大量の木材を必要としました。また、各種の生活用具の材料として、燃料として、木材は文化の発展に不可欠のものでした。周辺の山々は当然、こうした木材の供給源でした。

文化の華開くところ、自然の荒廃を伴うのは、人間の歴史の悲しい図式といえます。大和周辺の山々も、その例外ではなく、木材や燃料の供給源として飛鳥文化を支えてきた近在の山々は、人々の収奪のためにやがて荒廃していきました。森林を失った山々の荒廃が、それを水源とする河川の下流に荒廃をもたらすのは公式です。日本最初の

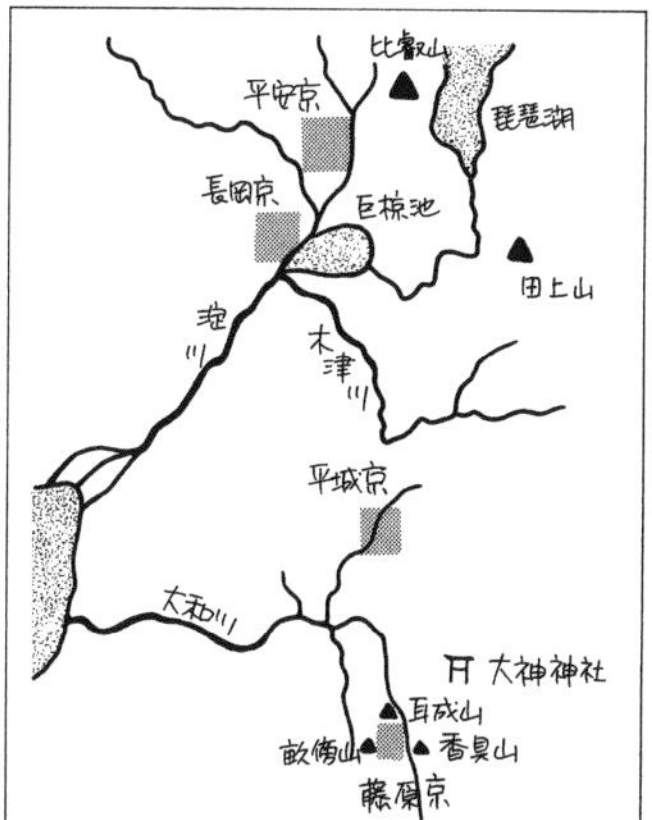

畿内地図

自然保護の法律、山野伐採禁止令が、すでに六六七（天武五）年に出てはいるのですが。

当時のことですから、砂防工事があるはずもなく、度々の洪水に押し流されて来る土砂は、そのたびに飛鳥川の姿を変えました。本流さえ移動し、地形まで変わりました。飛鳥川に扇状地が多いことは、この川の土砂流出が多かったことを物語るものでしょう。

淵とは川の水の深いところ、瀬は浅いところです。流し出されて来る土砂が川底の形を変え、昨日まで深く水を湛えていた淵が、今日は瀬となる変わり様。洪水の度に姿を変える川、その姿にいにしえの人は有為転変の世のさま、人の世の浮き沈みを見たのでした。


木の文化といわれる日本文化ですが、その舞台裏で、わが身を犠牲にして縁の下の力持ちに徹した森林があったことを忘れてはなりません。飛鳥川はその一例に過ぎません。事実、大和の山々は軒並み荒廃し、七世紀末に壮大な藤原京が建設されるころには、すでにその建築材を供給するだけの実力を失っていたほど、利用され尽くしていました。

藤原京の建築材は、致し方なく琵琶湖周辺に求められました。琵琶湖南方の田上山《たなかみやま》等から伐り出されたヒノキの良材は、宇治川を流して、京都南の今は干拓された巨椋《おぐら》池《いけ》に運ばれ、これに流入する木津川に移して逆流送し、今の木津で陸揚げして、峠を越して奈良へ陸送、今度は佐保川を流し、合流点から飛鳥川を遡って藤原京へ運んだといいます。ちなみに、木津とは木の港の意味です。これに続く八世紀初めの奈良の都、平城京や国分寺総本山としての東大寺の建築用木材も、琵琶湖周辺の山々から同様のルートで運ばれました。

淡海の国の　衣手の　田上山の　真木《まき》さく檜《ヒノキ》の嬬手《つまで》を　もののふの　八十氏河に　玉藻なす浮べ流せれ……鴨じもの　水に浮きゐて……泉の河に　持ち越せる　真木の嬬手を　百足らず筏に作り　泝《のぼ》すらむ　（万葉集巻一　藤原の役民のつくれる歌。淡海は近江。真木は最上の木、真木さくは檜の枕詞。嬬手は荒削りの材木。八十氏河は宇治川、泉の河は木津川の古名）

都は立派にできたものの、伐り荒らされた山々は大変な迷惑でした。その代表が田上山。ヒノキ良材を蓄えていたのがこの山の不運。そして山自体は、崩れやすい風化の進んだ花崗岩でした。荒らされた山肌は侵食が進み、流し出された土砂が川を堰き止めて琵琶湖の水位を高め、その沿岸に洪水をもたらすこともしばしばだったといいます。

東海道新幹線が瀬田川の鉄橋を越すころ、車窓南に白茶けたはげ山が望めます。田上山、奈良の都がつくった千三百年の歴史を持つはげ山です。この山には、江戸時代から砂防植栽が行われ、また、明治時代初頭には、ヨーロッパ先進国から技術者を招き、それ以降本格的に復旧が進められてきました。そのお陰で、田上山は徐々に緑の衣をまとうようになりました。しかし、まだやっぱり「はげ山」なのです。

文明の後には砂漠が残る

木の文化、それは森林破壊の歴史でもありました。森林の荒廃ぶりは、木材の供給能力を指標としても窺い知ることができます。前節で紹介したように、藤原京を建設するときには、大和周辺にはもう良材がなかったのでしたが、その後の象徴的な話を、西岡常一・小原二郎著「法隆寺を支えた木」（ＮＨＫブックス、一九七八年）から借用しましょう。東大寺大仏殿の話です。

奈良の東大寺大仏殿は、聖武天皇の発願により七五二年建立以来、二度焼失し復興されていますが、創建時の建坪は、今の大仏殿より五割も大きく、直径一メートル、長さ三〇メートル前後のヒノキの大柱が八四本、当時使用された木材は一万四八〇〇立方メートルに達すると推定されています。境内に軒を連ねる数多の建物の木材量まで含めると想像を絶しますが、これらの木材は琵琶湖周辺の山々から運ばれました。

一一八〇年、初代大仏殿は源平騒乱の世に、平重衡の手で灰燼に帰しますが、後白河法皇の院宣により一一九五年に再建。しかし、近畿山陽筋にすでに良材なく、建築材は周防の国（山口県）から瀬戸内海を経由して運ばれました。再び灰燼に帰すのは、戦国時代の一五六七年、松永久秀の乱のときで、このときはすぐには復興できませんでした。それから一二〇年余りを経て、一六九二年に大仏開眼供養、さらに一七〇九年に至って大仏殿落慶法要、現在のものの原形です。

この江戸時代の三代目の建造のときには、木材はいよいよ窮していました。そこで大仏殿の規模を三分の二に縮小し、太い柱もさまざまな材を寄せ合せて鉄の輪で締めるやり方とします。しかし、二本の梁《はり》はそうもいかず、これには九州霧島山でようやく見つけたアカマツが使われます。二本の大材を海まで六〇キロメートル運ぶのに、延べ十万人と牛四千頭、海上を大阪まで、淀川から木津を経由しての奈良までの運搬には、約一年を要したといいます。

そして、年を経て一九八〇年、昭和の改修。ヒノキ材を提供したのは、台湾の山でした。そんな話には驚かないよ、私の家の材はカナダと東南アジア、といわれてしまえばそれまでですが。

江戸時代には、全国で木材が窮乏し、山も荒廃の一途をたどっていました。十七世紀の岡山藩の儒学者熊沢蕃山《ばんざん》は「天下の山林十に八尽く」とその荒廃を嘆いて治山治水に努力し、秋田藩の家老渋江政光は「国の宝は山なり。然れども伐り尽くす時は役に立たず。尽きざる前に備えを立つべし。山の衰えは即ち国の衰えなり」と森林資源の保全を訴えました。

木曽谷はヒノキ良材の産地です。しかし不便さのためか、本格的に木材を伐り出したのは江戸時代に入ってからでした。江戸時代のはじめ百年ほどの間に、所有者の尾張藩は奥地までかなり大規模に伐採を進めました。この大伐採のために資源が枯渇することを恐れた藩は、厳しい掟を設けます。鷹狩りのタカを護るためとした巣山《すやま》、積極的な樹木保存の留山《とめやま》は、直接的な禁伐林です。地元民が利用できるのは質の低い明山《あけやま》に限られていましたが、そこでも伐採を禁じる樹種、停止木《ちょうじぼく》あるいは留木《とめぎ》が指定されていました。有名な木曽五木がそれで、ヒノキ、サワラ、ネズコ、アスヒ（アスナロ）、コウヤマキの五種ですが、その主目的はヒノキで、他の四種は葉や幹の皮が似ているものを一括指定し、間違って伐ったと言い逃れができないようにしたのでした。

尾張藩の監視は厳しく、「白木番所」は他領への木材出入りに目を光らせ、違反伐採には厳罰が待っていました。俗に「木一本首一つ」といわれ、実際にヒノキの幹の皮を無断で剝いだ者が磔《はりつけ》になった例があったといいます。こうした資源保存策は、環境保全策にも通じました。

奥山の良材資源だけでなく、人里近い山、里山も荒れていました。江戸時代に各藩の領内の様子を絵にする制度があったそうですが、その絵図を見ると十七世紀までは緑に塗ってあった山々が、十八世紀には茶色になっているという話を聞いたことがあります。事実、明治時代の写真や絵には、どこもはげ山が多いのです。しかしその後、明治の中期以降は、全国的に治山の努力が重ねられ、山々は緑を回復させてきたのでした。

「文明の前には森林があり、文明の後には砂漠が残る」。十九世紀のフランスの小説家、シャトーブリアンの言葉です。中近東、エーゲ海、華北など、地球上に多くの文明が栄え、そして衰退していきましたが、文明衰退の多くは、その文明繁栄のために、森林を破壊し尽くして土の持つ生産力を収奪し、さらに土を生成する能力を奪った結果であり、また水源地帯の森林荒廃のために水と土砂に襲われて、その土地生産力を失うことによるといわれています。

天変地異や異民族の征服によって、一時的に文明が壊滅的な打撃を受け、衰微したとしても、その土地に生産力が維持されているかぎり、その文明の息吹は絶えず、やがて文明はその地に甦るのが、歴史の教える図式のようです。土壌が破壊され、あるいは消耗して、その生産力を失ってはじめて文明は消滅し、それは「遺跡」と化してゆく道をたどるのです。

文化文明の進展と共に、森林が衰退するのは、大なり小なり避け得ないことです。しかしわが国では、確かに森林は衰退し、山は荒れましたが、幸いにも地球上の他の例に一般的な「文明の後には砂漠が残る」ような決定的な破綻に至りませんでした。それは、まず第一にわが国が、雨が多くて夏暑い、森林にとっては好ましい気候条件を持っていたこと、そして、民衆には厳しいが、江戸期、明治期以来の緑を護ろう、回復させようとする努力があったこと、その努力に気候などの自然条件がきちんと応えてくれたこと、に依ります。日本の国と日本人は、雨によって生き延びてきたといえるのです。われわれは、雨の多いことを幸せだと思うべきなのです。

金は天下の回りもの

水に流す

「古いことは水に流して……」過去のいきさつもこだわりも、水に流すようにさっぱりと。なるほど、水は汚いものを流し去ってしまう力を持っています。水洗トイレも「水に流して」くれます。けれども、古くから使われてきた「水に流す」は、たんに汚物を流すだけでなく、もう少し深い意味を秘めているようです。

「川下三尺」「三尺流れて水清し」ともいいます。汚れ水も三尺すなわち一メートルほども流れればきれいになる、との意味です。汚物を流すだけでなく、水は汚物自体をきれいにしてくれるという思想が、ここにうかがえます。こうした水の浄化能力に対する信仰ともいうべき例はいくつもあります。古く、便所を川の上に設け、排泄物を直接流してしまう風習がありました。この天然の水洗トイレが「川屋」であり、これが厠《かわや》の語源だとか。また、便所をきれいに呼んでコウヤといいましたが、高野山の宿坊の厠が崖にせり出して設けられており、落したものがはるか下の谷川へ落ちて行く様が壮大で、いつしかコウヤの語が生まれたと聞いています。谷川へ落ちたものは、激流にもまれてたちまちきれいになると信じられ、谷川の出口には、浄化を掌る「清めの不動尊」が祀られています。

インドや東南アジアの映像でよくお目にかかるマンディ（水浴）も、もともとの身体を洗う実際的行為と、水が清めてくれるという信仰が結びついたものでしょう。現在も信仰は生きていて、濁り川、それもすぐ隣で用便したりする川でもマンディは続けられています。

確かに水は浄化能力を持っています。水の浄化作用には、汚濁物質を薄め、広がらせ、沈めるなどの物理的な作用、酸化、還元、吸着などの化学的作用、水中の動物が食べたり、微生物が分解したりする生物的作用があり、なかでも微生物の働きは重要です。しかし、微生物の活動は、当然有機汚濁物があってこそのものですから、もし水が完全にきれいであれば、微生物の活動の場もないわけです。

「水清ければ魚棲まず」といいます。魚も同じで、水がきれい過ぎれば餌不足で、魚は棲めない道理です。では水は汚れている方がよいのか？　ある程度まではそうでしょう。しかし、逆もまた真なり、「水濁れば尾をふるうの魚なし」という言葉もあります。あまりにも水が汚ければ、それはもう生き物の棲む環境でないのは、いうまでもありますまい。

人間がまだあまり多くなく、また密度濃く集って住んではいなかったころ、浄化能力を持つ川の水はすばらしい天然の汚物処理場でした。人間が出す生活廃水程度は、三尺かどうかはともかく、その浄化能力からみれば大したものではありませんでした。この水の浄化能力を過信したのが人類の悲劇でした。人々が密集して住むようになっても、汚物は水に流せばよいという既得の観念は変わらず、人は、汚物の量が水の浄化能力をはるかに超えても、なお流そうとしました。

しかし、こんな例もあります。藤原京以前の古い時代、天皇が変わると都も移るのが普通で、都は汚染が問題になるほど長くは定着しませんでした。七一〇年に中国の長安を模して永久的な都として完成した奈良の都、平城京は、東西四・二、南北四・七キロメートルの堂々たる大都でしたが、大和盆地には大きな川がなく、まもなく「糞詰まり」となり、わずか七〇年あまりで、川のある京都、平安京へ移らざるを得なくなった、とのことです。

水源の森林から流れ出てくる水は、質の良いきれいな水です。森林に降る雨の中にも、いろいろな物質が溶け込んでいますが、森林の土はこれらをきれいにして谷川に流します。滲み込んだ水が土の中をゆっくり動く間に、多孔質の土が不純物を吸着するからです。水源にしっかりした森林がないときは、その土壌も発達が悪く、水は土に滲み込めず、浄化されないまま一挙に流れ下り、同時に土砂も運び出します。したがって、そこの谷川の水質が劣るのは当然です。

しかし、いくら上流の森林が良い水を流し出してくれても、中下流の人間が汚してしまうのが問題です。たとえば、まだ下水道が完備されていなかった昭和五十年ころ、多摩川の支流南浅川では、水源から人口密集域の八王子市を通り抜けて北浅川と合流する一四キロメートルの間に、工場はほとんどなくても、水の中の有機炭素量が水源の一七倍に増加していたそうです。また、多摩川下流の現在の新幹線鉄橋付近の水は、大戦直後の昭和二十年代から人間活動が盛んになった四十年代までの二〇年間に、アンモニアは千倍、細菌数は八百倍に増加したといいます。

河川の水質汚濁は、生活廃水だけではありません。工業化が進むにつれて、それまで水が経験したことのない物質までもが川や海に流し込まれました。もともと水の浄化能力は有機物相手だったのに、能力外の物も次々と水に託されたわけです。水に捨てればきれいになるという自然浄化への歴史的過信が生んだ悲劇でした。有機水銀やカドミウムなど、水中の微生物が分解できない物質は、まずプランクトンに、次いで魚や貝にと、だんだん濃縮されながら蓄積され、最終的にそれを食べた人々に水俣病やイタイイタイ病を起こしました。後にこれを生物濃縮と名付けましたが、当時は予想もできない現象でした。今後こんなことが起こらないとは誰もいえません。ひょっとすると「水に流す」は、人間社会の崩壊と人類の危機を意味しているかも知れません。

「水の恩ばかりは報われぬ」「親の恩は送っても水の恩は送られぬ」とか申します。莫大な水の恩、その水を「流す」ことばかりに贅沢に使っていては、罰も当たるというものです。

土に帰す

かつてマレーシアに調査で滞在していたときのことです。体長四メートルを超す大きなキングコブラが捕まりました。調査隊の中に、当時大阪教育大学の水野寿彦先生という器用な人がいて、コブラは早速剝製にされてしまいました。骨の標本も採ろうということで、骨は肉付きのまま土の中へ。三週間もして掘り出してみると、肉は熱帯の土の中ですっかり腐り果て、見事に骨ばかりになっていました。キングコブラは、「土に帰した」のでした。殺人犯も、死体を土に埋めることがよくあります。人目に触れないよう隠してしまうためでしょうが、土の中で死体を腐らせてしまう狙いもあるでしょう。私には、親しい殺人犯がいないので確かめようがないのですが。何も殺人犯を持ち出すまでもなく、昔はどこにでもあった土葬という方法は、まさに「土に帰す」でした。

キングコブラの剝製

生あるもの「土より出でて土に帰す」とは、生きものの生き様をいい得て妙な言葉です。深みゆく秋の日、森に散り敷く落葉、梢から舞い落ちてくる木の葉は、まさに「土に帰る」姿です。

林内の地表に溜った落葉は、やがて地表や地中の小動物の餌となって嚙み砕かれ、また彼らの体内を通って腐りやすくなり、これにカビやバクテリアなどの微生物が取り付いて腐っていきます。腐るということは、それまでの有機物が無機物に分解されることです。台所で物が腐ると困りますが、自然界では腐るということは実に大切なことで、分解を掌る微生物のことを「分解者」といいます。分解されて生じた無機物のうち、炭素は主として二酸化炭素になって大気中へ戻り、水や窒素、リンやカリその他は土の中に残ります。つまり、有機物は分解されて無機物となり環境へ還元されるのですから、微生物は分解者と同時に「還元者」とも呼ばれています。環境へ戻った無機物は、次の光合成すなわち緑色植物が太陽の力を借りて有機物をつくり出すための原料として、再び用いられることになります。

緑色植物は、無機物つまり生命のない物から、有機物すなわち生命ある生物体をつくり出すのですから、「生産者」の名で呼ばれます。これに対して動物は自分で有機物を生産できないので、植物がつくった有機物を食べて生活しますから、植物の生産におんぶした「消費者」です。

さて、このように生物の働きを通じて、生産者から消費者さらに分解者へ、そして環境へ戻されてまた生産者へという物質の動きのことを「物質循環」といいます。ここで重要なことは、繰り返すようですが、分解者によって有機物から還元された無機物が、再び生産者の生産原料として使われることです。「土に帰す」のは、生命を失った有機物が腐ってしまうだけでなく、次の生命活動の資源として、再び役に立つことなのです。なお「循環」の語は、大宇宙の循環や地球上での水の大循環から、動物体内の血液の循環にも使われる幅広い言葉でもあります。

森林について考えてみましょう。森林の生物の主役はいうまでもなく樹木です。樹木は寿命が長く、一本一本が大きくなりますから、その集団である森林は規模の大きな生物集団になります。たとえば木の高さは、わが国では樹高が三〇メートルを超せば相当立派な森林ですが、熱帯林では六〇〜七〇メートルにもなり、またアメリカのセコイア林では一〇〇メートルを超します。オーストラリアにも一〇〇メートルのユーカリがあり、螺旋階段で梢の高さまで登れるそうです。しかしながら、森林はそんな大きな木だけではなく、大木の下には中くらいの木、その下には小さい木、さらに低木、草、コケなど、いろいろな植物が垂直的に住み分けているので、全体として光を無駄なく使えるかたちをしており、実際に光合成量も大きいのです。光合成が盛んであれば、つまり生産者の生産力が大きければ、消費者を養う扶養力も大きいわけですし、また分解者へ回る有機物量も当然多くなります。

森林の土の中には、実にさまざまな小動物や微生物が住みつき、常に分解活動に精を出しています。その数たるやはかり知れず、何しろ森林へ踏み込んだわれわれの片足の下の土の中に、ダニ、トビムシその他さまざまな小動物が五万匹というのですから、まさに「ゴマンといる」わけです。なお、土の中のダニは、名前は悪いが人間には無害です。

畑や田んぼは、絶えず肥料を与えたり耕したりしなくては生産力が保てませんが、森林はそんなことはしなくても、ある程度の成長を続けていくことができます。それは、落葉その他を自分で自分の足元に供給し、その土地が瘠せないようにしている森林の「自己施肥」の働き、すなわち物質循環がうまく作動していることを物語ります。また、耕さなくても、分解途中の有機物が混ざり込むことによって、柔らかくて浸透、透水、保水、通気すべてに優れた土の構造（団粒構造）が自然にできていくことも見逃せません。

中国に「葉落帰根」という言葉があります。わが国でいう「故郷へ錦を飾る」といった意味のようですが、それはむしろ森林の物質循環、自己施肥を表しているように思える良い言葉です。

物質循環という言葉は、ここにある物がぐるりと回って、また元へ戻ることと捉えられがちです。しかし、そんな山手線のような循環ではなく、森林を取り巻く大気、出入りする動物や水の動きなどを通じて、常に出入りを繰り返している物質の収支、と考える方がわかりやすいでしょう。「金は天下の回りもの」といいますが、その「回り」の意味の循環なのです。持込み、持出しが一方に偏らなければ、森の物質の収支は健全です。財布から一万円札が出て行ったとして、同じ一万円札でなくても、千円札十枚という形ででも帰って来れば、財布は安泰なのですから。

弱肉強食

旧聞ながら、「○肉○食」の○を埋める試験問題に、焼肉定食との答案があったとか。正解は、いうまでもなく今回の標題の「弱肉強食」。しかし、この学生君がもし意識的にこう答えたとしたら、正解にしたいところです。

前節のテーマの物質循環。環境→植物→動物→微生物→環境という物質の移動経路に沿って、植物は生産者、動物は消費者、微生物は分解・還元者と位置付けられました。

生物界の原動力は、植物の光合成による有機物生産。では動物はすべて植物を食べて生活しているか。そんなことはありません、もちろん植物を食べない動物もいます。しかし、彼らは直接植物を食べないとしても、植物を食べた動物を餌にしています。また、その動物を食べる動物もいます。自然界には、こうした食う食われるの関係が複雑に絡みあっており、つまり、どんな動物も間接的には植物を食べていることになります。こうした食う食われるの関係を、食物連鎖という言葉で表しています。複雑なその絡み合いの中から、例として一つのルートを考えてみまし

ょう。

樹木が茂っています。その葉を食べて生活する毛虫がいます。その毛虫を捉えて食べるクモがいます。続いて小鳥がクモを食べ、小鳥はヘビに食べられ、ヘビはイタチに食べられ、大空から舞い降りたワシがイタチを捉える、といった具合です。食物連鎖、それはまさに弱肉強食の表現がピタリです。


生きものを生きものが食べる、これは生物界の鉄則です。しかし、食物連鎖は植物が生きたまま食べられるところから始まるとは決まっていません。死んだ植物が食べられるところから始まる場合もあります。生きた植物からスタートするものを生食連鎖、死んだ植物が起点となるものを腐食連鎖といっています。

森林では、植物が生きたまま動物の餌にならず、落葉や枯れ枝などの枯死物になってから、それを地表地中の小動物が食べ、また微生物が取り付き腐らせる腐食連鎖の流れの方が量的にずっと大きく、これに比べて湖や海では生食連鎖の比率が大きいのが普通です。すなわち、植物の光合成による生産物のうち、生食連鎖で食べられる植物量は森林では小さく、通常五%程度です。これに対して、湖や池の淡水域では二〇%、海洋で三五%程度といわれています。陸上では七%程度、これは大型の草食動物が多くて、生きた植物の摂食率が高い草原を含めても、陸上では七%程度、これに対して、湖や池の淡水域では二〇%、海洋で三五%程度といわれています。

ある動物が食べる量を確保するには、その動物の量より、食べられる生物の量がずっと大きいことが必要です。食べる動物の方が食べられる動物より大型であるのが一般ですから、動物の数(個体数)では食べられる方が格段に多いのは当然ですが、生物の重量でも同じことです。ある生物の一定量を維持するには、それの数倍に達する食べられる生物の量がなければなりません。したがって、食物連鎖の段階が進むほど、はじめの植物生産量に比べて扶養可能な生物(動物)の重量は小さくなる、つまり元の光合成量に対する生物生産の効率は低くなるわけです。したがって、食物連鎖の段階ごとの生物量を積み上げて図示すると三角形になり、これを生態ピラミッドと呼んでいます。食事前の「いただきます」は、他の生き物の生命を「戴きます」なのです。

牛肉を食べる人間の場合を考えてみましょう。ウシ一頭を養うには、ウシの体重の数倍の量の草が必要です。つまりこの段階で効率は数分の一になっています。このウシを人間が食べて効率はまた数分の一に落ちます。つまり計算上、人間が直接草を食べれば、ウシを食べるよりはるかに効率が良いわけです。同様に人間がハマチの刺身を食べるとき、そのハマチの何倍もの餌のイワシ、さらにその何倍ものプランクトンが必要なのです。増加する人口に迫り来る地球の食料難の時代。その対応策は、できるだけ食物連鎖の初期の段階のものを食べること、なのです。もちろん、グルメ論は抜きにしての話ですが。

さて、ヨーロッパ人は、生態ピラミッドにおいて効率の悪い肉食を好む人種で、それを支える肉生産のためには広大な牧場が必要でした。それに、ヨーロッパの農産の中心はムギ作でした。牧場や麦畑は、傾斜地に登ることは容易です。もちろん、ヨーロッパの山々が、わが国に比べて一般に傾斜が緩やかということもありますが、ヨーロッパの傾斜地はどんどん牧場・農地化されていきました。このことは、取りも直さず斜面を覆っていた森林が姿を消していくことでした。こうした歴史の長いヨーロッパで、森林を壊し過ぎると災害等の人間生活に不都合が起こることに人々が気付き始め、それが自然保護思想を生んだのは、すでに二百年余りも前のことでした。

その点、水が必要な水田米作は山へ登れません。水田は水を張らねばならないので、平坦な場所であることが必要だからです。もちろん田毎の月のような棚田もありましたが、それには牧場や麦畑とは比べものにならない技術と労力を伴います。それに何よりも、わが国ではヨーロッパのような肉食の風習はありませんでした。肉食でなかったことと米作であったことが、わが国の傾斜地に森林が残されたことにつながるのではないでしょうか。明治以降わが国も、西洋文化に追従して、肉を食べることが盛んになりました。最近はさらに肉食化が進んでいますが、地球人口の増加に伴って必ずやって来る将来の食料危機を凌ぐためには、効率の良い草食も決して忘れるわけにはいかないのです。

焼肉定食に始まり、やはり焼肉定食的な話題で終わりました。

駕籠《かご》で行く人担ぐ人

世の中は持ちつ持たれつ立つみなり
　人てう文字を見るにつけても

人という字が左右から支えられて立っているように、世の中は一人では生きてゆけない、互いに助け合って社会をつくっているのだ、といった意味でしょう。

持ちつ持たれつは生物界の原則です。ある一種の生物だけではその生存は不可能で、植物、動物、微生物、互いに関係しあって生物社会がつくられています。『土に帰す』や『弱肉強食』で見てきたように、物質循環というシステムの中に、どんな生物もその一員として組み込まれ、食物連鎖で象徴されるように、どの生物も必ず他の生物の恩恵を受け、また他の生物の役に立っています。一見独立して無関係な存在にみえる生物も、生物界のどこかを受持ち、誰かを支え、誰かに支えられています。「タデ食う虫も好きずき」なのです。その生物単独の生活はあり得ません。

箱根山駕籠で行く人担ぐ人　そのまた草鞋《わらじ》を作る人

人それぞれに貧富貴賎の差があるこのたとえに、持ちつ持たれつの生物界の姿を見ます。

生物相互の持ちつ持たれつの物質循環システムも、非生物的な環境がなければ成り立ちません。環境は、諸々の生物が生活する場所そのものであり、必要物資の供給源また運搬路であり、不要廃棄物資の排出路そしてその処理再生場だからです。環境すなわち空気や水や土、それらの状態とその中に含まれている物質、そして太陽エネルギー、これらと生物たちが密接な関係を持っているのはいうまでもありません。そして、環境は生物の生存や活動を支配するだけでなく、生物の存在と活動はまた環境に働きかけて、環境を維持し、環境を改善するよう作用します。

とすれば、生物と環境は切り離しては考えられません。一九三五年イギリスのタンスレーは、生物と環境を一つの系として捉え、エコシステムと名付けました。この英語に生態系という日本語をあてたのが今西錦司博士、一九四九年のことでした。エコは生態、システムは系、後に今西先生は「これは名訳」と威張るのですが、「他に訳し方があるかい？」とは後輩たちの陰口。

「あるまとまった空間に生活する生物のすべてと、その生育空間を満たす無機的（非生物的）環境が成す一つの系」、これが生態系の代表的な定義です。個々の生物を対象にするとしても、その生物に関係するあらゆる生物と、それらを取り巻く環境全体の中のその生物、という考え方でないといけません。

生態系を、生物と環境を総括した一つの系だとしますと、自然界にはさまざまな生態系があることに気付きます。原生林、雑木林、裏の竹藪、原っぱ、畑や田んぼ、池や沼、湖、大海……、生物の生活があればそこには必ず環境がありますから、どれもこれも生態系です。しかし、その生態系が安定した、永続的なものであるかどうかは、さまざまです。生物の生存と繁栄を考えるとき、道端の水溜りや水の溜ったタケの伐り株の中のように、ほんの短期間でつぶれてしまうものと、大原生林や大海のように永久的なものとでは、おのずから話が違います。

では、生態系の安定性、すなわちそれが永続するための条件を考えてみましょう。

まず第一は太陽エネルギーの供給が充分であること。植物の光合成で取り込まれるエネルギーは物質循環の各段階で消費されますから、絶えずエネルギーが供給され続ける必要があります。次に、その生態系が成立するための環境条件が満たされていること。もともとその場所の環境に適った生態系がもっとも安定性を持っているわけですから、環境の変化はその生態系自体の変化、時には破壊を招くことになります。第三は、生物相が豊富で互いに補い合うこと。生物相が多種多様で豊かなら、その物質循環経路が複雑で、そのどこかに故障があっても、他の経路がバイパスとして働き、全体の機能麻痺にはなりません。第四は、生物量がそれぞれ適正量であること。ある特定の生物の量が少な過ぎればそれが循環のネックになり、逆に多過ぎればその段階でパンク状態になります。後者の例として、害虫の大発生を考えるとわかりやすいでしょう。

最後は、生物と環境とのバランスの問題です。生物は周囲の環境に支配されるだけでなく、生物は環境に働きかけて環境を維持したり改善したりしています。その両者のおかげで環境は維持されています。落葉が、土壌動物と微生物との共同作業によって、土壌という環境の栄養状態や構造を維持し改善する土壌生成作用は、まさに生物が環境をつくる作用の好適な例です。

以上、生態系の維持や安定性を表現するのは、すべての生物と環境との結び付きの緊密性とバランスで、集約すればいかに正常に近い物質循環系が存在するか、に帰するのではないでしょうか。これを考えたとき、森林は、その理想的な形に近い生態系であるといえるのです。

生態系の仕組みは、人間社会にも大切なことを教えてくれています。都会、そこでは生産・消費は極度に発達しましたが、それらに比べて発達しなかったのが分解の段階でした。分解はすなわち次の生産資源の調製でもありました。埋立てや燃焼などの廃棄物処理は、有限な生産資源を循環系に乗せていないことです。都市の廃棄物処理を産業化し、生産や消費と同じレベルの産業に発達させるべきだと、すでに昭和四十年代に提言されていますが、その実現はまだまだです。

ヒトという生物だけが極端に多くて、多様な生物相はない。エネルギーや物質の持込みばかりで後の処理が伴わず、環境を無理矢理改変するが、環境維持の働きは僅か。人間社会という生態系が永続しない条件は見事に揃っています。それが生態系と呼べるかどうかは別として。

枝葉末節

難波《なにわ》の葦《あし》は伊勢の浜荻

地球上には、少なくとも一五〇万の生物種が存在するといわれています。そして、植物でも動物でも菌類でも、すでに人間が知っている生物にはすべて名前が付いています。アカマツ、ブナ、ニホンカモシカ、キイロスズメバチ、マツタケ、大腸菌O-157……。まだ人間が知らないものも沢山あり、毎年数多く発見されては新しく名付けられています。

さて、ここに出てきたアカマツやブナなどは「正式の」日本名で、このことを和名といいます。つまり日本全国共通の標準名です。しかし、多くのものは地方それぞれで独特の名前つまり地方名を持っています。ところ変われば名も変わる、「難波（大阪）のアシは伊勢の国ではハマオギ」と呼ばれる如くです。アシはイネ科の水辺の多年生草で、百人一首でもお馴染の

難波江の葦のかりねのひとよゆゑ　みをつくしてや恋ひわたるべき　皇嘉門院別当

難波潟短き葦のふしの間も　逢はでこの世を過ぐしてよとや　伊勢

など、古くから歌の題材にもなりました。「難波の葦」がお定まりで、アシにはナニワグサの名もあるほど。そしてアシは、「悪し（アシ）」に通じて宜しくないと「善し（ヨシ）」に名を変えたといいます。ところで、この「難波潟短き葦の…」の詠人は伊勢、平安時代の女流歌人、伊勢がハ

マオギではなくアシと詠んだという、何やらややこしい話。

アシ、ヨシ、ハマオギ、ナニワグサ。もう一つの例として、お馴染のブナの木には他にどんな呼び名があるかちょっと調べてみましょう。博覧強記で知られる上原敬二博士の「樹木大図説」(有明書房)から拾ってみます。ブナノキ、シロブナ、ホンブナ、ソバノキ、アカブナ、クロブナ、ヤマブナ、ワセブナ、イシブナ、イボブナ、コモチブナ、ブンナ、ブナグリ、ブンナグリ、ブナヒシ、ブナグルミ、ソバグルミ、ソバグリコノミ、ココノミキソバ、キソバ、コノミ、ヤマエノキ、クマエノキ、クマエ、マソノキ、ミヤマナラ、ノジ、イジイ、チカラシバ、ヤシャ、ヤギ、オオモ、オモノキ、ユズリハ、スズバガシ、スズハガシ、ピラニ。やっぱり日本全国共通名がないと困ります。

しかし、日本全国共通の和名があっても、それはやはり日本名ですから、世界には通じません。そこで、世界公認の名前が必要となるわけで、それを学名といいます。学名はラテン語を基準にして付けられ、この名があると世界的に通用するわけです。ただし、それはもちろん専門家の間でのことで、一般人の会話にもというわけにはいきませんが。たとえば、ブナは *Fagus crenata* Blume で、*Fagus* はギリシャ語の「食べる」に基づくブナ一般の意味、*crenata* は葉の鋸歯がまるいの意味、そしてBlumeはその命名者の名です。同様にアカマツは、*Pinus densiflora* S. et Z.で、*Pinus*はマツ一般を指し、*densiflora*は花が密生している状態、そして命名者シーボルトとツッカリーニの二人の頭文字をとって、S. et Z.となるわけです。

*Fagus*や*Pinus*は、そのグループを示す、いわば姓みたいなもので、これを属名といいます。その下に名に当たる*crenata*や*densiflora*が付いて種名になるわけです。生物種の分類は、何段階にも類別されていて、大きな方から、界(植物界・動物界……)、門、綱、目、科、属、種、と類別され、その属と種を学名にしていることになります。また種の下にも、亜種、変種、品種とさらに細かい階級が設けられる場合もあります。

*Pinus*属の樹種は、世界に一〇〇種ほどといわれますが、わが国にも、アカマツ、クロマツ、ゴヨウマツ、ハイマツなどいくつかの種があり、それぞれ*Pinus*の次にセカンドネームを付けて分類されています。ちなみに、アカマツの分類上の正式戸籍をいいますと、「植物界 真核植物類亜界 緑色植物門 維管束植物亜門 針葉樹綱 マツ目 マツ科 マツ属 アカマツ」、まるで「じゅげむじゅげむ…」のようです。

ところでややこしいのは、エゾマツ、トドマツ、カラマツなど、和名に「マツ」が付いていていもマツ属でないものが沢山あることです。これらは順に、トウヒ属、モミ属、カラマツ属の樹木です。確かにみんな「マツ科」の所属ではあるのですが。古来、「マツ」は針葉樹一般のことを指していたようで、蝦夷（北海道）の針葉樹で蝦夷松、松前の呼び名トドから椴松、針葉樹で冬葉を落とすものは珍しく、まるで唐からの舶来物みたいということで唐松、というところでしょうか。

枝葉末節

春、若葉の季節、新緑は目にも鮮やかです。夏、ぎらぎらと輝く太陽をいっぱいに受けて、濃緑の森は力に満ちあふれています。秋、紅に黄に森は華麗な錦織をまといます。きらきらと葉の輝くシイやカシの林、照葉樹の名はその輝きから生まれました。高原の爽やかさを演出して明るく映えるシラカンバの林、黒々とした沈黙の重厚美の針葉樹林、森がそれぞれの姿を持ち、それぞれの場所に応じた景色を生み出すその主役は、葉です。

それだけではありません。葉は光合成の担い手、森の生活の原動力、森林生態系のエネルギー源です。一枚一枚は小さくてもその大集団は、樹木自体のみならず動物たちの生活も賄い、また土に落ちては有機物源として地力を支えます。取るに足らない細かいことをいう「枝葉末節」、大切な働き手である葉とそれを支える枝に対して、何とも失礼な言葉です。ここではちょっと「枝葉末節にこだわる」ことに致しましょう。

森林がどれくらい葉を持っているか、その研究の歴史はすでに半世紀余、わが国でも昭和三十年頃から、多数の資料が集められてきました。実際に木を伐り、葉をむしり取って測っていったのです。結果を簡単に整理してみますと、閉鎖、つまり空から見て土が見えない状態に葉が茂っていれば、同じ樹種の林同士では、立木の密度や樹高が違っても、一定土地面積あたりの葉の量には、それほどの違いはなく、さらに近縁種同士、また森林のタイプが同じ同士でもよく似ています。もちろん自然界のことですから、データには幅がありますが、エイヤッとばかりに平均値を出してみました。表のようになります。

葉の量の表し方には、重量と葉面積の二通りがあります。重量は水分を全部追い出した絶乾重量、そして葉面積は葉の片面の表面積、広葉樹ならともかく、針葉樹で葉面積といってもピンとこないかも知れませんが、針葉にもちゃんと面積はあって当然です。なお、葉面積がそれが覆う土地面積の何倍あるかということを葉面積指数といいます。つまり、あ

森林の平均的な葉量

森林の種類	葉絶乾重 トン／ha	葉面積* ha／ha	樹種の例
落葉広葉樹林（陽樹）	2.5	3～5	カンバ類，ヤマナラシ，ハンノキ類
落葉広葉樹林（陰樹）	3.5	4～7	ブナ，ナラ類，ケヤキ
落葉針葉樹林	3.0	4～5	カラマツ，メタセコイァ
常緑広葉樹林（1年葉）	3.5	5～6	クスノキ
常緑広葉樹林（多年葉）	8.5	5～9	シイ類，カシ類，イスノキ，ツバキ
タケ林	7.0	6	マダケ，モウソウチク
常緑針葉樹林			
マツ林	6.5	3～6?	アカマツ，クロマツ
ヒノキ林	14.0	5～7	ヒノキ，サワラ
スギ林**	19.5	5～7	スギ
その他	17.0	6～10	モミ類，トウヒ類，ツガ類

＊葉の片面面積，＊＊スギは緑色の部分

る森林の葉を全部むしり取って、その森林が占める土地の上にすき間なく敷き詰めるとしたら、何重に重なるかということです。

表の葉の重量は、森林タイプ間では大きな差がありますが、葉面積ではその違いはずっと小さくなっています。重量には葉の厚みが関係しますが、光を受ける面積については森林間での差は少ないということでしょう。なお、草原では葉面積指数は四〜五くらいです。

太陽光は、まず森林の表面の葉層で受け止められ、一部は反射され一部は光合成に使われた残りの光を、その下の葉層が使うわけですから、下層の葉ほど使える光は少なくなり、ずっと下層になると光不足で葉は生きられません。樹高成長に伴って、森林の葉は上へ上へと着いていきますから、それに応じて下層の葉の生きられない高さも上へ登ります。つまり、森林は使える光は全部使っているわけで、言葉を換えれば、森林は持ちうる最大の葉量を持っていること、それが、閉鎖した林では、林の葉量が樹種によってある決まった量を持つことになる理由です。

葉量が一定だとすれば、葉は毎年つくられた分だけ枯れ落ちないと勘定が合いません。虫に食べられた量などを除けば、落葉樹林なら年間に新生した葉量イコール落葉量です。常緑樹林でも、その年の新生葉量と落葉量がほぼ等しいことが実測によって確かめられています。そして、わが国の存在する中緯度の常緑樹林では、ごく大ざっぱにいえば、その両者とも年間一ヘクタールあたり三トン（絶乾重）で、これはまた落葉樹林の年間新生葉量・落葉量ともほぼ等しいのです。簡単にいうとこういうことです。わが国の気候帯では、常緑林・落葉林を問わず、毎年ヘクタールあたり三トンずつ葉が新生し、同量落葉する、とすれば、森林の葉量は今年新生した葉が何年生きているかで決まる、すなわち三トン掛ける葉の寿命で表せることになります。表を見てください。たとえば、マツの葉の平均寿命は二年でマツ林の葉量はヘクタールあたり約六トン、葉の寿命四〜五年のヒノキ林の葉量約一四トンといった具合です。一学年の定員三〇〇人の中学校なら、毎年三〇〇人が卒業、三〇〇人が入学で、全校生徒九〇〇人は変わらないのと同じです。

ところで、林自体の生産力はどうでしょうか。一般に、葉量が少ないタイプの森林ほどその葉一枚一枚の生産効率は良いのですが、森林全体でみると土地面積あたりの葉量の多い森林の方が生産力は大きいといえます。少数精鋭主義よりは、個々の能率は悪くても社員の多い会社の方が儲かる、どうも自然界ではそのようです。葉は稼ぎ手です。一枚一枚は小さく末端の存在ではありますが、土地をぎっしり覆い尽くす葉の集団は、土地生産力を最高度に発揮させます。「枝葉末節」は、何か兵卒やヒラ社員を消耗品扱いするみたいないい方ですが、兵卒がいなければ戦争もできず、ヒラ社員がいなければ会社も動きません。末節の枝葉がなければ幹も根も生きられません。末節の枝葉こそ大切、枝葉末節にこだわりたいのです。

根掘り葉掘り

「菅丞相の縁とあらば、根掘り葉掘り絶やさんとて、鵜の目鷹の目……」（菅原伝授手習鑑）。根掘り葉掘り。根から枝葉の先まで、何から何まで、徹底的に、しつこく。

生物の個体や集団の生体量、それを現存量、バイオマスといいます。生体量とはいいますが、それを表すときには絶乾重量（前節参照）を使います。水分状態に左右されない同じ条件でいろいろなデータを比較するためです。森林の葉へクタールあたり三トンといったいい方がそれです。

森林の植物生産の仕組みが知りたいとなると、森林全体のみならず、樹木の部分ごとの現存量や生産量を測らねばなりません。樹木の部分とは、幹であり、枝であり、葉であり、根であり、場合によってはさらに細分して、当年葉、旧年葉、当年枝、一年枝、……、といった具合です。さらに森林内でのそれらの垂直的な配置を知るには、樹高に沿って一定の厚みの層に切り分けて測る必要があり、樹木はまさに切り刻まれてしまいます。それは根にも及びます。「根掘り葉掘り」調査です。かつて調査を取材にきた新聞記者が、「これも科学ですか？」とあきれたことがあるくらい。しかし、こんな根掘り葉掘りの調査が、熱帯林から亜寒帯林まで世界各地で進むと、いろいろ面白いことが分かってきます。前節の森林葉量の話もその一つですが。

その土地面積に高い木の樹高を掛けたもの、つまりその森林が占めている空間、その中での現存量の平均密度はどれくらいでしょうか。それは立方メートルあたり〇・五〜一・五（平均一・〇）キログラム、つまり森林の一立方メートルの空間に含まれている植物量は一キログラムということで、びっくりするほど小さな数字です。太い木があっても、森林はすき間だらけなのです。台所のスポンジたわしでも一立方メートルに換算すれば三〇キログラムはあるのですから。

一立方メートル一キログラムというこの値は森林が違ってもそんなに変わりませんので、森林の現存量を決めている最大の要因は樹高といえます。とすれば、たとえば樹高二〇メートルの林ならそのヘクタールあたりの地上部現存量は二〇〇トンと概算できます。ただし、ハイマツ林のように非常に混み合ったものや、逆にセコイア林のように巨大な林では、この数値は大きくなり、例外です。なお、草原の現存量密度は立方メートルあたり〇・五キログラムぐらいです。

地上部と地下部の現存量の比は、草ではその生活型によってさまざまですが、森林の地上部現存量は地下部の三、四倍くらいで比較的安定しています。つまり、根は地上部の二割か三割というわけです。もっとも、生育段階が進むほど地上部の割合が大きくなる傾向はあり、また、海岸泥地のマングローブ林では根の方が大きいといった例外もありますが。

森林では、生産物の一部が毎年蓄積されていきますから、年とともに現存量が大きくなるのが普通です。枯れたりして現存量が減少しても、若い森林では増加量がこれを上回ります。現存量増加の主役は幹で、発達した針葉樹林などでは、幹の量は根も含む全現存量の七、八割にも達します。幹という巨大な生産物貯蔵庫を持つおかげで、森林はどんな生物集団よりも大きな現存量を持てるのです。しかし十分生育が進むと、枯死による減少と成長による増加が等しく、つまりつくるだけ枯れる状態になり、もはや現存量は増えません。原生林などでみられる現象です。

地表から梢へ向かって、一定の厚みの水平層に分けて現存量を求めた例が図にしてあります。こうした図を生産構造図といいますが、一般に幹の量は地表に近いほど多く、葉と枝はある高さに極大値を持ちます。また、葉の量の分布には上層に集中する型（図のブナ林）と、葉層が深くて比較的下層に極大が現われる型（図のスギ林）があります。広葉樹林・純林・同齢林などは前者、針葉樹林・混交林・異齢林などは後者の例が多いのですが、森林の葉層は、樹高成長に伴って年とともに上に移りますから、全体として上層集中型になっていくといえます。

さて、森林のヘクタールあたり最大現存量は？　樹高六〇メートル以上にもなる熱帯多雨林での測定例に、地上部六五〇トンがありますが、何といっても大きいのはアメリカ西部のセコイア巨木林、ここでは二三〇〇トンと推定されています。ちなみに、わが国の最大は山形県金山にあ

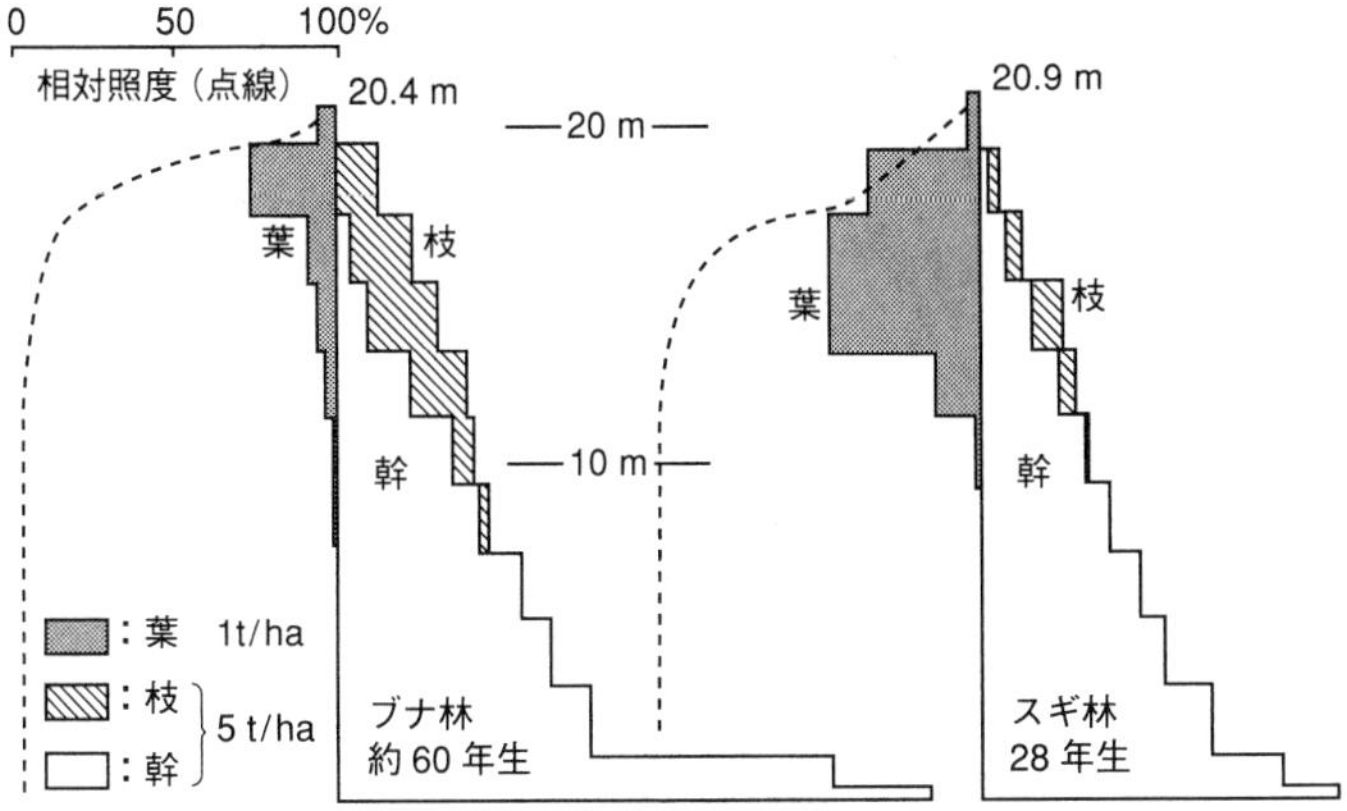

森林の生産構造図

ったスギ人工林で、一三九年生時の推定値一二五〇トンです。

では、わが国全体にはどれくらいの森林現存量があるでしょうか。一九九〇年の木材資源量三二億立方メートルから推定すれば、おそらく二五億トンほどでしょう。さらに世界を見てみますと、全植物の現存量一兆八四〇〇億トン、うち森林現存量は一兆六五〇〇億トンといわれます。森林の面積は地球陸地の三割弱、全地球表面の一割を下回りますから、この狭い面積になんと全植物量の九割が詰め込まれていることになります。何とも特徴的なことで、地球の不思議に改めて驚かされます。

根掘り葉掘りと細かく始まり、やたらに大きな話に終わりました。大きな話ができるのも、実は「根掘り葉掘り」の積み重ねのおかげなのです。

焚くほどは 風が持て来る落葉かな

焚くほどは　風が持て来る　落葉かな　　良寛

無欲に生きた良寛さまの、屈んだ丸い背中の向こうにほのかな焚火の煙、誰しも秋の暮れから初冬を思います。

忠言容れられず、五三の桐が家紋の豊臣家・大坂城を去る片桐且元。豊臣家没落を戯曲にした坪内逍遥は、それに「桐一葉」と題しました。その心は「桐一葉落ちて天下の秋を知る」。キリは他の木よりも秋早く落葉します。それを見て秋の訪れを察するのが本来の意、僅かな前兆から後に来るものを予知することのたとえですが、「落葉は秋」の前提あってこそのものといえましょう。

葉が落ちるのは秋、というのが常識です。確かに多くの樹木の落葉期は秋から冬の初め、しかし、この時期にだけ葉が落ちるわけではありません。他の季節でも少しずつ葉は落ちています。わが国の落葉樹では年間落葉量の七、八割、スギやヒノキやマツ類など常緑の針葉樹でも、大半

を秋に落としています。

ところが、シイ類やカシ類など常緑広葉の照葉樹になると事情が異なり、その落葉期は春、新しい葉が開くとすぐで、この時期に年間落葉量の半分以上が落ちます。クスノキは、みずみずしい新葉が出てまもなく、古い葉を全部落としてしまうので目立ちます。春の落葉を異常でないかと心配して知らせてくれる親切な人もあるほどです。

ユズリハも、春の新葉が出た直後に古い葉が落ちるのが目立ち、「世代を譲る」としてこの名を与えられました。ちなみに照葉樹のない北国では、枯れ葉が枝に残り春に新葉と交代するカシワが、「譲り葉」として扱われています。

春の落葉は照葉樹だけではなく、タケもそうです。むしろタケの方が注目されていたようで、その落葉をいう「竹の秋」は春の季語です。初夏の季語の「麦秋」と同じ扱いです。なお、「竹の春」もあり、こちらは草木が枯れゆく秋風の中の青々とした新竹の美しさで、秋の季語です。また、若いマツ類でも、新葉からしばらくして夏の初めに落葉することがよくあり、俳句の世界はこれを見逃さず、「松落葉」は夏の季語です。

峡深き　淵になだれて　竹の秋　　石毛
家まはり　山風めきて　松落葉　　水巴

さて、日本の落葉樹林の落葉は、冬の寒さ対応ですが、熱帯や亜熱帯では寒さは心配なく、乾燥対策で落葉してしまう林があります。乾燥季に落葉、すなわち雨季には緑ですから雨緑林といいます。一年中雨の多い熱帯の多雨林では、森林はいつも緑、しかし、樹種による時期の違いはあるものの、年中時を定めず、常に葉が落ちています。

ところで、葉は一年間にどれくらい落ちるものでしょうか。森林内に落葉受けを置いて、多くの森林で実際に測定されています。それを大摑みにまとめてみますと、わが国のような暖温帯から亜寒帯にかけての気候帯では、落葉樹林、常緑樹林、広葉樹林、針葉樹林といった森林のタイプの間にはとくに明らかな違いはなく、絶乾重量にして年間ヘクタールあたり三トンの落葉量、となります。このことは、すでに『枝葉末節』で触れた通りです。

もちろん、陽性の樹木の林で少ないとか、暖かいところの林で多いとかの傾向はあります。また、年間の変動もあり、とくに常緑林では、台風などによって葉を落とし過ぎた年の翌年には、落葉量を少なくして一定葉量を維持しようとする動きもみられます。

ところが、熱帯多雨林では、年間ヘクタールあたり六～一〇トンもの落葉があり、前に出てきた暖温帯から亜寒帯の落葉量の二～三倍にあたります。一年中夏の熱帯ですから、われわれの住む中緯度地帯の夏が一年のうちに二～三度重なりあって繰り返される、と解釈してみたいのですが、ちょっと乱暴でしょうか。

枝についている葉の重量が、そのまま落葉の重量になるわけではありません。葉は落ちる前に葉の中の養分を樹体に戻します。これを転流といいますが、これで重量は一割から二割減ります。転流が起こると、葉緑素は分解して葉の色は赤や黄色に変わり、葉の付け根には離層という組織ができて物質の流通は次第に妨げられ、やがて葉は離層からぽろりと外れて枝とおさらばするわけです。葉は、こうして自ら死んで行く前に養分を親元に戻しますが、そのあともただ死んでゆくだけではなく、土の上に落ちた枯れ葉はやがて腐ってその養分をすべて土に戻し、それはまた次の光合成に使われます。葉は律儀者の見本みたいです。そのあたりのことは、先に『土に帰す』で述べた通りですが、中国のことわざ「落葉帰根」そのままです。

シャンソンの名曲「枯れ葉」、O・ヘンリーの「最後の一葉」のツタの枯れ葉、洋の東西を問わず、落葉は秋の象徴です。枯れて落ちる前の華麗な紅葉黄葉の装いは、冬に向かう寂しさをかえって強め、われわれの情感に訴えるのかもしれません。

桐一葉　日当たりながら　落ちにけり　　虚子

あとは野となれ山となれ

あとは野となれ山となれ

大和路をゆけば、どこでも目につく古墳。今は、木が生い茂り山のように見えますが、それがつくられた古代には剝き出しの土と石の構築物でした。同じ墳墓でも、エジプトのピラミッドは剝き出しのままです。そのほかにも、いわゆる古代遺跡として名の通ったものには、砂漠に囲まれ、あるいはせいぜい草原の中にあるという例が多いようです。どうしてでしょうか。

カンボジアのアンコールワット遺跡。クメール文明の華麗な都市や寺院は、十四世紀にシャムに征服されて以来何世紀もの間、熱帯のジャングルに埋もれて、その存在は知られませんでした。中南米ユカタン半島のティカール遺跡も、七、八世紀には優れた天文学と暦法を持っていたマヤ文明の原因不明の崩壊後、長らく密林の中に眠っていました。わが国では、建物が木造主体であったため、森の中に埋もれてしまえば、建物は腐朽して跡を留めませんが、森林の中から石垣や礎石が見つかることはよくあります。世界の人跡未踏の森林の中から、今後もすばらしい遺跡が発見される可能性は十分です。

似たようなことは、われわれの身の回りにもよくあります。過疎化による廃村や閉山した鉱山の住宅街など、いつの間にか草に覆われ、軒先にも樹木が繁茂してきます。山崩れ跡も、放置された休耕田もいつしか草が樹木が生い茂り、その植物相も時間とともに、草から低木へ低木から高木へと姿を変えていきます。遷移と呼ばれる現象です。

御廟年を経て　しのぶは何を　しのぶ草　　芭蕉

陸上のまったくの裸地から出発する遷移は、裸地―→（地衣・コケ）―→一年生草草原―→多年生草草原―→陽性低木林―→陽性高木林―→陰性高木林、というパターンで進行します。一年生とは寿命一年以内でタネで繁殖、多年生とはたとえ地上部は一年以内に枯れても地下部から繁殖できるもの、陽性とは親木の下では暗くてその若木が生育できないもの、陰性とは親木の下でも生育可能なものと考えてください。遷移が進んで陰性高木林に至ると群落は安定し、外力が加わらない限りその状態が続きます。このような遷移の終着の姿が極相と呼ばれるものですが、降水量や土地条件などが十分でないと、遷移は草原や低木林などの途中で

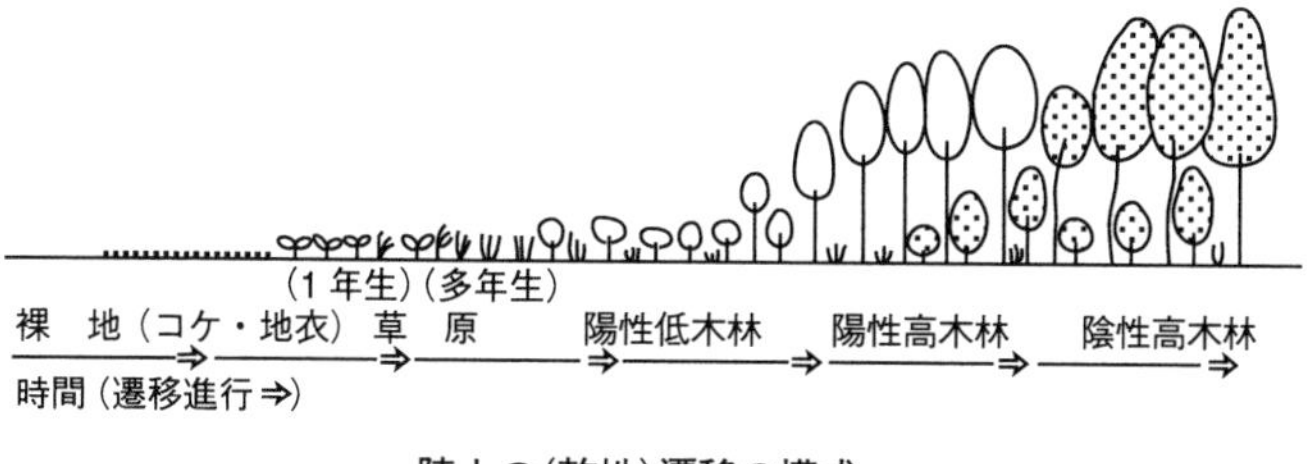

陸上の（乾性）遷移の模式

止まってしまい、それがその極相になります。森林に埋もれたアンコールワットか、砂漠のピラミッドかの差の原因が、ここにあります。

遷移は、そこに存在する植物が気候や土壌に変化を促し、その変化に応じた群落へと発達していく過程のことですが、それには溶岩の上などまったく植物質のないところから始まる一次遷移と、山火事や風倒の跡など、タネや根の切れ端などの再生のための植物質を持つところで再出発する二次遷移とがあります。乾燥地・湿潤地・砂地・塩性地など、遷移が始まる場所の条件が違うと進行パターンもさまざまですが、まずそこの環境に耐性のある植生が地歩を固め、極相へ向かって進みだすのは共通です。ただし、自然的にしろ人為的にしろ外部からの圧力が加わると、その程度によって遷移は進行速度を鈍らせ、停止し、あるいは逆行することになります。

「あとは野となれ山となれ」。あとは知ったことではない、どうにでもなれ、と無責任をいうこの言葉ですが、野は草原、山はわが国では森林とイコールですから、放っておいても草が生え木が生える湿潤なわが国ならではのことわざ。砂漠地帯では生まれようもない言葉です。ついでながら、遷移の早い段階は草、続いてイバラなどの低木でしたが、「クサカンムリ（植物）に早」で「草」、「クサの次」と書いて「茨」、さらにいうならば、「クサの基盤（台）」は「苔」。なるほど文字とはよくできたもの。いずれも遷移通りです。

北海道から沖縄まで平均して、わが国の年間降水量は一七〇〇ミリ。一方、エジプトのカイロでは僅か二〇ミリ、ダムで有名なアスワンに至っては〇・五ミリ。これでは遷移の進行は望めません。また、遷移の進行速度は破壊された自然の回復力ともいえますから、十分な降水量を持つわが国はその意味では有難い自然環境を持っているわけです。雨を嫌っては罰が当たります。

ところで、自然力を利用する農林業は、遷移をコントロールして成り立っています。田畑で一年生草の作物を収穫するのが目的の農業は、一年生草の段階で遷移を停止させるため、草取りで他の植物の侵入を防ぎます。耕すことは土を柔らかくするとともに雑草繁茂を防ぐ手段でもあります。多年生草の段階で遷移を停止させようとするのが畜産業。そのため、刈取り、火入れ、放牧などの圧力を加えて遷移進行を抑制して、目的の草原を維持します。遷移の終わりの高木収穫が目的の林業では、自然の遷移のままでは長期間かかり、また目的に適った森林になるとは限りませんから、草原などのような遷移の早い段階(伐採跡も同じこと)へ目的の高木の苗を持込み、時間短縮と目的収穫物が揃うことを狙います。つまり遷移の短絡化が人工林技術です。当然それには自然からの抵抗があり、それを除くのが下刈り、ツル切り、目的樹種以外を除く除伐、目的樹種同士の競争を和らげる間伐です。加えて、天然林の老化衰弱した部分を切り取り、そこに二次遷移を起こさせて森林全体の健全化を図るのが天然林の管理技術、ということになります。

白砂青松《はくしゃせいしょう》

あら目出度いな　めでたいな。目出度きことにて祓おうなら　まずは一夜明ければ元朝の　門に松竹しめ飾り　床に橙　鏡餅。蓬来山に舞い遊ぶ　鶴は千年　亀は万年……

年の初めのためしとて　終わりなき世のめでたさを　松竹立てて門毎に……

正月をはじめ、めでたいときにはマツが主役。日本人にとって、マツはおめでたいものの筆頭でございまして、常磐（常緑）であること、神の依代《よりしろ》と見たこと、葉が二本で「枯れて落ちても二人連れ」と仲のよろしいこと、などなどのおかげで、日本人とマツは大昔から太い絆と、見受けられますようで。万葉集にも、マツの歌は七八首も出て参りますし、広重や北斎の東海道五十三次の版画にも、それこそ五十次ぐらいまでの背景にはマツがお付合いいたしております。また古来日本三景の名も高い松島、橋立、厳島、いずれもマツが主役の景色でございます。ところがどっこい、

ちょっと時代を遡ってみますれば、いささか事情が違いますようで。

六千五百年前の若狭の鳥浜遺跡、様々な木製品が出土はするが（『適材適所』を）マツはほんの少々。二千年前の駿河の登呂遺跡でも、たくさんの出土木材はほとんどスギで、やっぱりさっぱりマツは無し。三世紀のわが国の様子を教える魏志倭人伝、これには植物のことが少々。しかしカシやクスの照葉樹林、クヌギやカエデ、クサボケやサンショの低木、カヤ、タチバナ、シュロなどは読み取れても、マツは書かれておりませぬ。福井も静岡も、また邪馬台国が九州であれ畿内であれ、マツは目立ったものではなかった様子で、どうも今の感覚とは違っております。ところが、日本書紀にも茅渟県陶邑《ちぬのあがたのすえむら》の名のある大阪南の泉北丘陵、その陶器の窯跡から出てくる燃料材は、飛鳥時代までがカシなどの広葉樹、それ以降はマツに変わってしまうとのこと。

どうやらマツは、日本文化の曙時代にはそんなに勢力はなく、文化が進むにつれてのさばってきた、といえそうで。文化は森林をいじめ、その生産力を奪います（『お爺さんは山へ柴刈りに』を）。つまり、文化が発達するほど人間が森を酷使し、その土が瘠せてくる、土が瘠せるとその土地本来の森林を持ちこたえられず、瘠せた土でも平気の樹木の林に変わります。その代表がマツという次第。お断りしておきますが、マツは瘠せ山が好きなのではございませぬ。マツも肥えた土ほど成長が良いのは当然ながら、肥えた土地では他の樹木に負けてしまいますから、他の木が育てない瘠せ山でマツが生き生きするわけで。「鳥無き里の蝙蝠《こうもり》」というところですかな。

とすれば、人間の干渉が遅ければマツの進入も遅くなって当然。不便であった木曽谷にマツが勢力を持ち始めるのが、土中に埋もれている花粉から判断すると西暦一一〇〇年頃、そして人間臭いソバの花粉も同時に現れるとのこと。豪族木曽氏が、時の政府平家相手に反乱軍を組織するほどの勢力を蓄えるのに数十年、とすると勘定が合います。木曽義仲旗上げは一一八〇年。

マツ林は陽性高木林。遷移（『あとは野となれ…』を）の途中の姿。日本の景色をマツが代表するということは、日本人の収奪が、遷移を古来の森林からマツ林へと逆行させた、そして、繰り返される人による収奪が、進もうとする遷移をマツ林の段階で足踏みさせたこと。

海岸では、まず塩に強い地下茎植物や砂を覆うツル植物が砂の動きを止め、そのあとへクロマツが進入、塩分が除かれ落葉などの有機物が混ざって土の条件が良くなり、クロマツ林はやがて広葉樹林へと変わりゆくのが自然の成り行き。ところがどうして、日本の海岸といえばクロマツが代表で、遷移は先へと進みませぬ。苦労して人々がつくってきた海岸クロマツ林も同じでございます。海岸という条件の悪さに加えて、人間が遷移を進まなくしていることも多々ありでして。

おめでたい時の飾り物「尉と姥」、ほら、老松の下でお爺さんとお婆さんが箒と熊手で白砂の落葉掃きをしている、「お前掃くまで、わしゃ始終熊手（お前百まで、わしゃ九十九まで）」でございます。これが何とも象徴的なものでして。まず老松の神格化が一つ目、マツと人間の結びつきが二つ目、有機物供給を止める落葉掃きという人間の営みが三つ目、そして四つ目は白砂。

砂は土ではございません。土になる前の材料です。その砂は荒れた山から流されて参ります。立派な砂浜は、これすなわち水源が荒れ山である証拠。とくにきれいな白砂の材料には花崗岩が一番ですが、西日本には深くまで風化して崩れやすい花崗岩の山が多く、一旦荒してしまうと崩れはなかなか止まりませぬ。白砂の材料には事欠かぬわけで。ついでにいえば、花崗岩の山の水はおいしい水、またお酒の水としては最高で、これはこれで結構なことでござりまするが。

「白砂青松」。すばらしき言葉にございます。これ無かりせば羽衣の物語も浦島太郎の話も成り立ちませぬ。ところが、これが持つ意味はと考えますと、ちょっと困ったことで。白い砂に緑のマツ林、荒れ山を抱え、なかなか遷移の進まぬ途中相の林。何やらきれいな言葉で日本の自然の貧しさをいう、ほら、ひと頃流行った「ほめ殺し」みたいな感無きにしもあらず…。

白砂青松のすべてが人間の影響と申し上げているわけではございませぬ。わが国はもともと白砂青松の浜辺ができやすい体質の国土。とはいえ、人間が無関係でもございますまい。文化の早くから開けた瀬戸内の山々はその典型でございますし、奈良の都の造営に木を伐られ今なお白茶けた山肌の琵琶湖南方の山々（『飛鳥川の淵瀬』）も、これみな花崗岩でございました。

お爺さんは山へ柴刈りに

日本列島に人が住みついたのはいつごろだったのでしょうか。縄文文化は少なくとも一万年前、農耕の弥生文化は二千年余前、その頃この日本列島を空から眺めたとしたら、降水量の多い国土ほとんどが森林、それも今風にいえば原生林に覆われていたに違いありません。しかし農耕には農地が必要です。農地用にはまず平地の森林が開拓されました。農耕を伴う定住生活には、住居や道具のための材木、炊事したり暖をとったり、陶器を焼いたりするための燃料材が必要で、その周辺の森林はその供給源となりました。そしてもう一つ見逃せないのは、農地農村周辺の森林、すなわち里山が農地自体の生産力を養ったことでした。

森林は物質循環（『土に帰す』）という、自分で自分の足下の土を養う機能を持っていますから、森林の土には長年の間に豊かな養分が蓄積されています。森林を開拓してそれを農地に使えば、しばらくの間はその地力が農業生産を支えてくれます。しかし、森林と違って毎年の生産物を持ち出す一方で、有機物を土地に還元しない農業では、地力が年々低下していくのは当然です。し

たがって、地力維持の方法を考えないといけません。

移動耕作という農法があります。森林を開拓して、それまで森林が蓄積してきた地力を使って農業生産し、地力が衰えるとそこを捨て別の森林へ移って開拓、というふうに転々と移動する方法ですが、森林を焼き払って農地化することが多かったので、移動耕作とほとんど同義語で焼畑と呼ばれています。捨てられた農地跡には森林が再生し、数十年後には再び農地にできるほどまでに地力を回復します。このやり方は、物質循環システムを持つ森林とそれの無い農地との違いを教えてくれます。そして、肥料も無く、農具も未発達、人口密度も低かった時代には、天然の地力とその回復力を利用するこの方法は、合理的であったといえましょう。

固定した農地の地力維持には肥料を与えることです。そこで、近在の里山から下草や落葉を採ってきて農地に直接すき込むようになりました。弥生後期の遺跡からは、その作業に使ったらしい大足《おおあし》という木製の農具が出土しています。時代を経て、落葉や下草を腐らせる堆肥、家畜舎に敷いた後の廐肥《きゅうひ》などを農地へ施す技術が生まれます。有機肥料です。落葉廐肥は、敷料の稲わらが不足して落葉を用いるようになったもので、鎌倉時代末から実用化したとのこと。

落葉や下草だけでなく、里山が農地農村を支えたものに、薪や柴がありました。里山から採られた薪や柴は、農家のいろりやかまどで常に燃えていました。燃えた後に残った木灰は蓄えられて、やはり農地に施されました。リンやカリの無機肥料です。堆肥の材料は稲わらや草などでも賄えますが、大量に無機質を得る原料は、森林からの木材に頼る以外にありませんでした。この技術は平安時代末頃からと考えられていますが、農家の中心的存在であったいろりは、肥料生産の場でもあったわけで、木灰も大切な財産と理解できれば、「かまどの下の灰までも俺の物」も意味深い台詞ですし、灰を撒いて花を咲かせる花咲爺も施肥の物語、なるほどなるほどです。

堆肥、廐肥、木灰、いうならば里山が農地農村を支えていたわけで、農家の人々は暇を見つけては落葉採りに柴刈りにと出かけたものでした。「昔むかし、お爺さんとお婆さんがありました。お爺さんは山へ柴刈りに…」誰もが知っているこの文句は、かつての農村の日常の姿なのでした。蛇足ながら、お婆さんが川へ洗濯に行くのも、山から流れて来る清浄な水と人々の付合いの日常の姿でした。なお、わが国では山とは森林のこと、湿潤で森林ができやすいわが国らしいいい方で、お爺さんの行き先が森であることはいわずもがなです。東北地方を筆頭に、大鷹森というような森の字を使った山の名前がたくさんありますし、北関東あたりの平地林でも森林作業のことを山仕事と呼んでいます。では木の生えていない山は？「丘」ではないでしょうか。「岳」の字の付く高山を想像してください。「山」すなわち森の上に木のない「丘」が乗っかっています。

一方、里山にとっては、自分で自分を養うのに必要な落葉などの材料を常に取り上げられているわけで、これは困ったこと、里山の土は瘠せていきます。道楽息子にせびられ続けて瘠せていく親のすねと同じです。繰り返される人間の収奪は、その土地本来の森林が維持できないほどに土地を瘠せさせました。そしてそこに育つのは、瘠せ地にも耐えるマツなどの林となっていったのでした(『白砂青松』)。それでも収奪は繰り返されました。農村の生命線ともいえる落葉採りや柴刈りの利権を巡って、時には血を見るような争いすら生んだのでした。

昭和三十年代から化学肥料や石油燃料が普及し、お爺さんは山へ行く必要がなくなりました。そしてそれは、森林と農業の文字通りの有機的なつながりを断ち切ることでした。今も時たま校庭に見かける二宮金次郎の像が背負う物はと子供に聞かれて答えに困る、いや答えるべき先生も薪を知らない時代になりました。「柴」も死語化しました。学生諸君に「お爺さんは山へ柴刈りに」のテーマで試験代わりの作文をしてもらったところ、ある学生君は、「近所の山にゴルフ場ができて、お爺さんはグリーンキーパーに雇われました。芝を刈っています」と書いてくれました。

わが国の永い歴史の中で、物質材料やエネルギー源として今の石油にあたる働きをしてきたものは森林でした。もちろん農業農村だけではありません。街と人々の生活を支え、鉱業、製塩、窯業、その他諸々の人間活動、文化の進展は、森林の力を抜きにしては考えられないのです。

庇《ひさし》を貸して母屋を取られる

大人三人でようやく抱えられるような熱帯の巨木の、うんと高い枝の股に、鳥が運んできたタネが発芽しました。それは樹上でどんどん大きくなりました。どうやらイチジクの仲間のようです。そしてその着生植物から何やら根のようなものが……、イチジクの気根です。気根は巨木の幹にぴったりくっつきながらだんだん下へ降りてきます。向こうの木を見ると、やはり高い木の股から気根を降ろしていますが、こちらは幹をたどらずに直接空中をまっすぐ降りてきています。

気根はやがて地表まで伸びました。その頃には巨木の股から降りてくる気根の数も増え、また盛んに分岐しています。分岐した気根は交互に交わり、網のようになって、とうとう巨木の幹を包んでしまいました。きわめて丈夫な網です。地面に達した気根は、地中へ進入していきます。

さらに、気根はますます太く、網はますます頑丈になってゆき、巨木はがんじがらめになってしまいました。梢の方も、もはや巨木の枝や葉が見えないほど、イチジクの葉で覆われてしまいました。巨木はすっかり衰え、もう死ぬのを待つばかりです。ちょっと木の股を貸したばかりに、文字通りお株を奪われ、絞め殺されていく巨木の最後です。

しばらく時が経ちました。死んだ巨木の幹はもうすっかり腐ってしまいました。絞め殺した方のイチジクはどうなったでしょうか。巨木と一緒に倒れた？　いえいえどうして、イチジクは今度は自分の根でちゃんと立ったまま。巨木の幹が腐ってなくなったので、中は空洞ですが、気根の網は今や新しい幹の役目を果たして、イチジクは堂々たる大木として自立しています。まっすぐ気根を空中に降ろしていた向こうの「絞め殺し屋」も、今やその気根が幹に化けて独立、間借り人に絞め殺された大家さんの巨木は、葉も枝も幹も跡かたなく腐ってしまったのでした。

熱帯多雨林の中で、うんとコマを落して映画を撮ったら、こんな展開の映像があちこちで見られるはずです。熱帯の殺し屋物語、「庇を貸して母屋を取られる」「借家栄えて母屋倒るる」。

温室の中のように年中高温多湿な熱帯多雨林は、いろいろな特徴を持っています。樹木の種類がやたらに多いこと、それは隣合っている木は必ず種類が違うといってもよいほどです。巨大高木、高木、亜高木、低木と垂直的にさまざまな樹木が生活を展開し、幹の基部が板状に張出した板根やタコ足状の支持根、幹に直接花が咲く幹生花など特殊なもの、ツル植物や着生植物も豊富、そして「絞め殺し植物」もその特徴の一つに加えましょう。東南アジアの絞め殺し植物の代表はイチジクの仲間。その属の中には、観葉植物のインドゴムノキや、お釈迦さまがその下で悟りを開いたというインドボダイジュなどが有名ですが、わが国の亜熱帯の沖縄にも多いアコウやガジュマルもその仲間です。もちろん、イチジク属以外にも絞め殺し植物はあります。

熱帯林に限らず、他の生物の力に寄りかかって生活している植物はたくさんあります。ちゃんと根は地に着いていても、茎が弱くて支持してくれるものが必要な植物、これがツル植物です。その多くは他の木によじ登り、光条件の良いところで葉を広げます。このために登られた木の方が、枝葉が覆われて光不足で枯れたり、よじ登る茎がすっかり太くなって親木の幹を締め付ける、といった迷惑を被っている現象はよく見られます。また、地表面から高く離れて、他の樹木の幹や枝に根着くのが着生植物です。着生植物は、高い位置で着生生活を送りながら、そこから地面に根を降ろしますが、決して独立しない半着生植物もあります。

ツル植物や着生植物は、自分だけでは自立できず、身を寄せている先の大家さんが死ぬと、自分も倒れたり、枯れたりせざるを得ません。これに対して、熱帯林の絞め殺し植物は、最初は着生植物としてスタートするものの、最後にはちゃんと自立します。この点が凄いのです。

生物相互間の作用は、働きかける種とその影響を受ける種それぞれの、利益、不利益の組合せで、表のように分けられます。着生植物の場合、普通は着生植物の方が一方的に利益を得、着生される方すなわち宿主は着生植物を必要としないし、また着生されても害を被るほどでもありませんので、片利作用といいます。しかし、宿主が害を受けるときには寄生と呼び、これは搾取作用です。一方、マメ科植物と根粒菌のように、ともに利益を受けるのが相利作用です。近頃よくいわれる「共生」という言葉、これは片利と相利つまり協同的な相互作用であって、利益を得るのは双方あるいは片方ですが、重要なポイントは「双方ともに不利益を生じない」ことです。

絞め殺し植物の場合は、片利作用が搾取作用に移行していくわけです。片利つまり一方的に恩になっているような顔でスタートし、搾取がついに恩人をしめ殺すまでに進み、自分は平気で自立するという、「庇を借りて母屋を乗っ取る」残忍さ。まさに「恩を仇で返す」の語そのままです。

種間の相互作用

作用する種	被影響種	相互作用
＋	＋	相利作用
＋	○	片利作用
＋	－	搾取作用
－	－	相害作用
○	－	片害作用
○	○	中立作用

＋：プラス効果
－：マイナス効果
○：影響なし

国立公園内で、「高山植物を護ろう　○○営林署」といった立札を見て、「なぜ営林署？」と不審がる人がいます。わが国の国立公園の地籍の多くが営林署管轄の国有林ですが、そのことを知らない人は案外多いようです。某国立公園の特別保護区、史跡名勝天然記念物、鳥獣保護区などを兼ねた地区の林道わきに、地主である営林署が修景のためにその地の自生種の苗木三〇本を植えるのに、環境庁、文化庁等の協議に二年を要したという話があります。「庇を貸して母屋を取られる」の感ありです。

情けは人の為ならず

聞き耳頭巾《ずきん》

昔むかし、貧しいけれど心の優しい若者がありました。若者はあるとき、父親の形見の頭巾が、生き物たちの声が聞こえる不思議な頭巾であることを知りました。聞き耳頭巾なのです。村の欲張り長者の庭のケヤキの大木が弱り、同時に長者の娘が病気になりました。娘はケヤキが枯れるとき、自分も死ぬと思い込んでいます。そこで、若者は頭巾をかぶって長者の庭に入りました。ケヤキは、長者が新しく建てた蔵が根にのしかかって、重い重いと泣いているのでした。若者の忠告によって、頑固な長者も娘可愛さのために蔵を壊しました。するとどうでしょう。ケヤキも娘もまもなく元気になりました。同時に大木の言葉にあった裏山の大石も取り除くと、今まで長者の田んぼへだけ向かって流れていた水が、村の隅々まで行き渡るようになり、みんな幸せになりました。——諸国民話。木下順二「ききみみずきん」が著名。

生き物たちの言葉が分かったらどんなに楽しいことでしょうか、そしてそれをうまく使えれば、何ともすばらしいことです。生き物たちの身になっていろいろな処置ができるからです。大

正三年発行の森庄一郎著「重要樹種造林之栞」に、「間伐するには成木に問うて宜しく伐れ」とあります。間伐すなわち間引きの伐採をするには、成木すなわち残される木の身になってということで、まさに聞き耳頭巾的表現です。では、聞き耳頭巾をかぶって外へ出てみましょう。

奥山の急な斜面を望む崖っぷちで、ミズナラの大木がこんなことをいっています。「あんなに急傾斜で土も薄いところまですっかり伐ってしもうた。なんとか植え付けたみたいじゃが、崩れやせんかのう。やっぱりわしら広葉樹に守らせとくほうがええのと違うじゃろうか」

「何を植えた？　ヒノキか、また俺たちの餌場をつくってくれた、うれしいね」とはカモシカの声。「でもこの頃は、ヒノキを食うなって、鉄砲で撃たれるんじゃかなわないナ」ともう一匹のカモシカ。「いや、ちょっと大事にされ過ぎてきたんだ。うんと昔は、人間というのは俺たちカモシカ最大の天敵だったんだもの」「ヒノキの造林地が、将来材木を採るためのものとは知らなかった。俺たちを大事にして、餌場をつくってくれているとばかり思ってた」。「俺たちの場所と立入り禁止の所を、俺たちと相談してちゃんと分けてくれるといいんだがなァ」。

観光地のサルたちがいっています。「観光用に餌付けされちゃってサ、仲間は増えるし、何せ食うのに楽だもんネ。けど、数が増えると観光客の服は汚す、脅す、店の売物はかっぱらう、作物は荒らすなんていって、まるで害獣扱い。いまさら山へ帰れったって、山も荒れてるしサ。第一、楽して食うのに慣れちゃったもん」。「私たちの餌付けも流行ってるの。でもあれに慣れちゃうと野生味が無くなってネ。野鳥じゃないわけョ」とは小鳥の声。

道路工事を見ている草や木の声。「また土を削ってあんな急な斜面をこしらえた。どうせコンクリートで固めるんだろうけど、もう少しゆるく削っておいてくれたら、俺たちがすぐに緑にしてやるのにナ」。急斜面に植え付けられた連中「もうしがみついているだけで精一杯。根の力が抜けちゃうよぉ」。宅地開発ですぐ足もとまで削り取られた丘のコナラ「自然豊かな住宅地、なんて旨い文句で僕たちの林が残ると聞いたときは嬉しかったが、こんなにぎりぎりまで削って僕たちだけを残しても…。ご覧、根っこが半分見えてる…。僕たちもいつまでもつか……」。

生物は環境に支配されて生活しています。環境の急変は時として生物にとって致命的です。一方生物の存在は、その場所の環境を維持し、また改善するように働きます。こうした生物と環境の密接かつ複雑な相互関係の中で、生物を主として集団として捉え、生物と環境の関係を明らかにしようとしているのが生態学です。前に出た言葉を使えば、それは生態系の科学です。

一口に環境といってもさまざまです。大気、水、土壌、岩石、酸素、二酸化炭素、養分元素……、環境とはこうした無機的（非生物的）な環境ばかりではありません。ある生物にとって、同種異種を問わず他の生物の存在自体も環境なのです。地表の低木にとって、その上に枝を広げる高い木の存在は環境そのものですし、虫や病菌も、根元に溜っている落葉や腐植も環境です。

「生物と環境」という捉え方をするとき、それはまさに今日的話題であることに気付きます。そして、生物を人間と置き換えれば、生態学が純生物学的な立場だけでなく、人間社会の問題にもタッチせざるを得ない最寄りの位置の学問だということになります。よしんば純生物学的立場を貫くとしても、人間の存在という「環境」は避けて通れません。米国の生態学者オダムは一九六三年に、生態学はイコール環境生物学、自然の構造と機能とを研究する科学であり、この自然とは生物的自然と無機的自然とから成り、人間も前者に含まれる、と述べています。

生物と環境の相互関係を解きほぐして明らかにしていくときに、人間の側からの、便宜的な、また擬人的な解釈だけでは、とんでもない間違いを犯し、誤った結論を導く恐れがあります。その生物がどう感じ、どう反応するかを、その生物の身になって考えるべきなのです。それに多少とも近いのが生態学だといえないでしょうか。生態学は、現代の「聞き耳頭巾」なのです。

しかし生態学は、ドイツ人ヘッケルが一八六六年、生計・生活・すみかの学問としてその名を与えてから、まだ百年余りの若い学問です。地味に育ってきたまだひ弱な生態学が、あたかも世直しの学問のごとくに過大な期待を集めたのは、環境汚染が社会問題化した一九六〇年代のことでした。それは当時、環境汚染対策の救世主のように扱われはしましたが、実はまだまだ不十分とはいえ、生態学に「聞き耳頭巾」としての性格を期待してのことだったと思うのです。

酒屋へ三里　豆腐屋へ二里

「テッペンカケタカ」の鳴き声で知られるホトトギス、時鳥、杜鵑、不如帰、沓手鳥、子規。この鳥は、初夏に南方から渡来して、ウグイスの巣に卵を産み付け、ウグイスの親に雛を育てさせる「托卵」という、巧みだけれど非情な習性で有名です。「鶯のかいごの中の時鳥」、かいごとは卵のこと。自分の雛を育てさせるために、ホトトギスの親は、ウグイスの卵を一個巣から弾き出して一個産卵し、先に卵からかえったホトトギスの雛は、ウグイスの卵や雛を巣から放り出して巣を独り占めしてしまいます。「親が親なら子も子」といったところでしょうか。

ホトトギスは、その特徴ある鳴き声のせいでしょうか、古くから詩歌や物語の題材になってきました。「時鳥鳴きつる方を眺むれば　ただ有明の月ぞ残れる」「主はいま駒形あたり時鳥」。徳富蘆花の小説、泣いて血を吐く「不如帰」、坪内逍遥の戯曲「沓手鳥孤城落月」……。ただし、同じホトトギス科のカッコウとときに混同して扱われたこともあったようです。ちなみにカッコウは郭公、そして閑古鳥とはこの鳥のことです。

ホトトギスは、比較的町の近くでも鳴き声の聞ける鳥です。しかし、それは決して一日中、次から次へと何羽もが大合唱を繰り返すといったものではなく、時としてつんざくように一声「テッペンカケタカ」を聞かせてくれるところに、初夏の味があって人気が高かったのではないでしょうか。そこで、江戸天明時代の狂歌師・戯作者、大田蜀山人の狂歌が出て参ります。

時鳥自由自在に聞く里は　酒屋へ三里豆腐屋へ二里

いつでも苦労なくホトトギスの声が堪能できる。もちろん季節になればですが、それを自由自在に聞くと表した蜀山人の巧みさには頭が下がります。このホトトギスはひょっとしてカッコウかも知れませんが、そんな場所、ホトトギスを自由自在に聞く里は、もちろん市街から遠く離れ、人家もまばらな片田舎、今風にいえば自然が豊か、自然度の高い所です。すばらしい楽天地、ユートピア、けれどもそれは生活の便利さからいえばままならぬところ。何しろ、酒を買うにも三里、豆腐が欲しくなっても二里の道のりというのですから。ちなみに一里は約四キロメートル。

蜀山人が皮肉たっぷりに指摘しているのは、自然の豊かさと生活の豊かさや便利さとは相反するものだということ。今も山村の人たちは、「昔から紅葉のきれいなところは貧しいところ」と自嘲気味にいいます。その中には、便利で豊かな生活を手にしている都会に住む人たちが、農山村に自然の豊かさや田舎らしさを求め、その維持を強要する風潮への不満が含まれています。

人間誰しも、金銭的に豊かになりたいと思い、便利で贅沢な生活の向上を目指します。都会はそれをある程度満足させてくれ、たとえ低レベルであっても都会なら何とか食えて便利さは得られます。そのかわり都会は人工的で、自然とはかけ離れた存在です。もちろんそれで良いという人も多いと思いますが。都会に住む人々は、身近の便利さは既得権として、遠くに自然の豊かさを要求するわけです。

同じ場所において、自然の豊かさと利便性は両立しません。時鳥を自由自在に聞く自然度を採るか、酒屋や豆腐屋に近い利便性を採るか、人それぞれでしょうが、三百年も前にその二律背反性を指摘した蜀山人の慧眼には、恐れ入谷の鬼子母神、という次第。

さて、人間社会は自然から産物を取り出し、その恩恵を受けて発展してきましたが、人間のやり方は一方的でした。これからはそれではいけない、自然滅ぶとき人類の生存も無い、という反省の言葉が今よく聞かれます。

自然保護という言葉があります。十八世紀後半、それまでの自然破壊の反動として自然保護の動きが西洋各国で盛んになりました。それは、豊かな自然を守り、その資源を枯渇させることなく賢明に利用しつつ、将来の世代に引き継いでいくために、自然および自然資源を人間が管理することです。はじめは天然記念物のように珍しい自然や博物学的に貴重な自然を大切に保存することを意味していましたが、現在ではそれはもっと幅広く捉えられ、少なくとも次のような意味とその方策を含んでいます。

①変容する自然環境に対する指標、自然生態系の遺伝的多様性の維持等のため、自然に人為を加えずその推移に任せて「保存」するもの。
②自然を積極的に人間生活にも活用しつつ、良好な自然として将来まで「保全」するもの。森林管理の古くからの基本理念の「保続」であり、今日いわれる「持続可能な」の考え方です。
③病虫害・火災・崩壊・気象害などの外の圧力から「防護」して、自然の悪化荒廃を防ぐもの。
④一度荒廃した自然を人為により「回復・修復」また「改善」するもの。
⑤景観など自然の現状を「維持」するために必要な手入れを行うもの。

ところで、「自然保護」にはどんなイメージがあるでしょうか。わが国では、①保存の意味にだけ解釈している人が多いのですが、それは視野の狭い捉え方です。狭い国土に多様な自然を持ち、とくに原生的な自然はほとんど失われて、人手が入った、あるいは人がつくってきた「半自然」が大半を占めるわが国では、①保存の考え方だけというのは現実的でありません。前記それぞれのやり方を、具体的なさまざまな自然に適用してはじめて、「自然保護」が全うされるのです。

いずれにしても、自然保護は人類永続のための方策です。これは短期目先の「人間さえ良ければ」ではなく、自然全体が保たれる中でこそ人類の繁栄もあるという見解です。とすれば、利便性にばかりこだわっていては……？　ということになってきます。

明日はヒノキになろう——あすなろ物語

ヒノキ。檜、日本特産のヒノキ科の常緑針葉高木。葉は鱗片状鈍頭で細かい。最上の建築材。葉や幹から取れる精油は香料や薬用。

アスナロ。翌檜、同じくわが国特産のヒノキ科の常緑針葉高木。葉はヒノキに似るが大型で裏面が白い。ヒバ、アスナロウ、アスハヒノキ、木曽ではアスヒ。ヒバは「檜葉」、その他はいずれも「明日は檜になろう」の意。その名を模した井上靖の小説「あすなろ物語」。

長野県木曽谷はヒノキで有名なところです。高い品質のヒノキ材を産出するだけでなく、日本三大美林の一と称される森林の美しさでも世に知られています。上松町の赤沢自然休養林はその代表格。ここには、樹齢三〇〇年以上、樹高三〇メートルを超すヒノキの大木が文字通り林立し、生命の尊厳とその生命を育んできた時の長さを感じさせてくれる荘重なたたずまいが、訪れる人々を圧倒します。

この木曽赤沢国有林の自然休養林は、昭和四十四年に七〇〇ヘクタール余りが指定され、昭和五十七年に公称「全国最初の森林浴」が行われたところです。休養林は、風致探勝ゾーン、自然観察教育ゾーン、森林スポーツゾーン、風景ゾーンに分かれ、観光用の森林鉄道の運行も人気を呼んで、最近では年間十万人以上の来訪者があります。

ところが、この美林を後世に伝え得るかどうか、心配なことがあります。伐採されるのではなくて、このまま置くとヒノキ林でなくなってしまいそうだという話なのです。

実は、この自然休養林の本体である、樹高三〇メートルのヒノキ天然生林の、薄暗い地表の八割方を埋め尽くしている下層木が、ヒノキではなくアスナロなのです。それは時には樹高数メートルを超しています。下層にヒノキはほとんどありません。訪れる人々の多くは、それに気付かず、「ヒノキの子供がいっぱい」と見誤っているのが普通です。

上層のヒノキの樹齢は三〇〇年を超えている上に、抜き伐りされないので過密状態になってきています。また、この樹齢は幹の芯が腐る病気にかかりやすい時期に至っていることを示しています。こんな状態で、上層のヒノキが枯れたり、台風などで倒れたりしたらどうなるでしょう。下層のアスナロは充分光を受けるようになってぐんぐん成長し、このヒノキ美林は将来アスナロ林へと変わって行くに違いありません。そこに森林は続くとしても、それはもう「木曽のヒノキ美林」ではなく、木曽のアスナロ林なのです。

赤沢のヒノキ林のほとんどは、江戸時代当初にヒノキ林を強度に伐採した跡の明るくなった箇所に更新再生したものです。これ以降とくに宝永時代の禁制（『文明の後には砂漠が残る』）以降の強い伐採を物語る更新木はほとんどみられません。明治時代には、赤沢は御料林（皇室所有）になり、その時代には弱い抜き伐りが行われましたが、弱い抜き伐りでは地表はそんなに明るくなりません。その結果、薄暗い地表にはヒノキは更新できず、かえってヒノキより耐陰性の強いアスナロの更新を容易にしたのでした。アスナロは、伏条更新という枝が地について根を出す更新も容易で、逐次その占有面積を拡大することもできます。

このような状態で、上木のヒノキが枯れたりして、アスナロの受ける光の条件が良くなったとき、今のヒノキ美林がアスナロ林化することは必至です。「明日はヒノキになろう」と頑張っても、一本一本のアスナロがヒノキになるのは遺伝的には無理なことです。しかし、ヒノキにとって代わって「明日はアスナロ林になろう」としている現実があるわけです。

そこで、ヒノキ美林を維持するための手を打つ必要があるのですが、この自然休養林を含む周辺地区約千ヘクタールは、自然休養林・保健保安林・鳥獣保護区・学術参考林等に重複して指定されていますので、制度上、上層のヒノキは勿論、下層のアスナロにさえ、いたずらに手を下すことが許されません。ヒノキ林がより陰性のアスナロ林に変化するのも遷移（『あとは野となれ…』）であると、この変化を容認するなら、それでも結構です。しかし、自然休養林や保健保安林（風致保護地区）等の指定は、現在のヒノキ美林に対しての処置なのです。ならば、放置しておいてヒノキ美林を失うことなく、その姿を維持して、その美しさと素晴らしさを後世に伝えるのが現代人の務めです。そのためには遷移が進行してアスナロ林化するのを抑制する処置が行われねばなりません。

たとえば、下層アスナロを除き、地表を処理してヒノキの更新の基盤を整える、タネを落とすアスナロの上層木を除く、それとともにヒノキ上層木もある程度抜き伐りして地表の光条件を良くする、地表に侵入して来る広葉樹は、ヒノキ稚樹の保護のため適度に残し、ヒノキ稚樹の定着・伸長状況をみて除く、といった処置です。このためには上層木も伐らねばなりませんから、せっかく人気上昇中の赤沢で「伐採している」の悪評を招かないかと心配する地元上松町議会を説得して、この処置を行う一〇ヘクタール余りの試験地が昭和六十年に設定されました。

その後、試験地では、ヒノキ稚樹はかなり良く発生していますが、その生育は遅々としたもので、試験の結果が出る前に、休養林全域のヒノキに支障は起こらないか、アスナロ林化が進んでしまわないかが心配されます。上層にアスナロが密集していて、その全部を伐りかねた箇所では、ちゃんとアスナロ稚樹が密生更新してしまいました。頼朝兄弟に情けを掛けたばっかりに、彼らによって平家は滅ぼされました。ちょっと心配なことです。

過ぎたるは及ばざるが如し

本州のど真中、諏訪湖の北になだらかな起伏を見せて横たわる霧ヶ峰があります。広大な草原で人気がありますが、昭和四十年代にハイウェイを通すか通さないか、観光か草原保護か、で論議を呼びました。その名はビーナスライン、それから望む蓼科山の優美な姿を女神に見たネーミングでした。反対論を押し切るかたちで、あるいは一部妥協するかたちで道路は完成しましたが、そのときに草原の自然保護区が設定されました。

わが国は降水量の多い国ですから、大抵のところが森林にまで遷移します。したがって、山頂や尾根の部分とか高山帯のお花畑などを除いて、わが国には自然草原は少なく、かつて森林であったものが壊れて草原化したものに、火入れ（野焼き）したり、刈取りしたり、放牧したりして草原状態を維持してきたものがほとんどです。ここ霧ヶ峰でもそうでした。

ところが、草原保護区をつくったことで、刈取りはもちろん、放牧や火入れ、場所によっては人の立入りも禁止になりました。十年も経て、草原保護区に樹木が目立ちはじめ、人手を排して森林化を放任するか、人手を入れて草原の維持に努めるか、両論が闘わされました。

山肌を覆う翠と幹の赤さが鮮やかなアカマツ林、そして春は桜、秋は紅葉、そんな山々の影を落す清流、京都嵐山は古くからそんな景勝の地でした。その優れた景色を守ろうと意図されたのも当然で、すでに大正八年、地元に嵐山保勝会が生まれ、昭和五年、嵐山は風致地区に指定されました。そして風致地区取扱いの基本は、「木竹の伐採を禁ず、落葉・土石の採取を禁ず」の手厚い保護でした。もちろん、遷移の途中過程であるアカマツ林としての取扱いの努力もありましたが、戦乱の時期でもあって、戦中戦後は風致地区の名のみ冠された放置状態、それに保護法令も人手を入れることを拒みました。

嵐山は徐々に景色を変えました。そして遷移が進んだ今、嵐山の山肌を覆うのは、アカマツ林でなくて広葉樹林。それは京都に松くい虫の被害が蔓延するより前の変化でした。アカマツ林と広葉樹林とどちらが生態的に安定し、どちらが山地の保全に効果的かといったことはここでは論外、風致地区に指定して護ろうとしたのはアカマツ林であったはずです。ところがその「保護」がアカマツ林を無くしてしまったのでした。

日本人は、文章や思考の上では、人手の入っていない原生自然好みです。しかし、人手が加わり、人工的に加工された半自然あるいは二次的自然にも親しみを持ち、それも好みます。それは、農耕を基盤として発達してきた日本文化が、その糧として農地や身の回りの森林を利用し、そのために生まれた半自然の中で育まれてきたためでしょう。

わが国には、真の原生自然はもうほとんど残っていません。したがって、自然を保護する、未来へ残すといっても、現実には半自然的なものが多く、多様なそれらを画一的な方法で扱うのは難しいことです。とくに単純に「開発規制」「禁伐」といった「自然をそっとしておく」「自然に手を加えない」方法では、霧ヶ峰や嵐山、前節の木曽赤沢のように、自然は姿を変えてしまうからです。もし「今の姿」を未来へ残したいのなら、遷移の進行を抑えないといけません。「人手を加えない」方法（『酒屋へ三里…』の①保存）は、極相の自然に対してのみ有効なのです。


しかし、自然保護ということを「禁伐」「生物を採らないこと」をはじめ、「人為を加えず、自然をあるがままにしておくこと」と思っている人が、わが国では圧倒的に多いのです。

自然保護の声は、高度経済成長の反動として、昭和四十年代後半に高まりました。急進的な「人為を排する」一本槍の考えは、余計な対立を生みました。山林の手入れの下刈りやつる切り、間伐などの森林を育てる上で必要な作業、治山工事や歩道の刈り払いまでもを「自然破壊」と呼んだ人もあり、それは真の緑保全者である山村の人々の反発を買ったのでした。宅地化が進んだ神奈川県K市で、裏山にある持ち山の手入れにと、鎌を持って新興住宅地を通った森林所有者を見た主婦が、「自然破壊に行く人がいる」と警察へ通告したことがあったとか。

「人手を排する」方法は、保存、保全、防護、回復、維持など多様な自然保護の手段の中で、いうならばもっとも簡単な方法です。また、この保存というやり方は、適用できる場面が、遷移が進行し尽くしたものなどに限られていることには留意すべきです。もし、遷移の段階にこだわらず、その場所の自然のままの推移を望むのなら、それはそれで意味があるかも知れませんが、その場合には、その保存しようという場所の現状にどんな意味があり、それがどうして生まれたかを、自然科学的のみならず人文・社会科学的にも良く理解してかかる必要があるでしょう。

わが国のほとんどを占める半自然に、一切の人手を排するやり方は、決して現状の維持にはなりません。それればかりか、時として危険ですらあります。それは「自然保護」ではなくて、「自然過保護」と呼ぶべきかもしれません。過保護が決して良い結果を生まないことは、人間社会も自然も同じではないでしょうか。

動物の保護でも、こんな例があります。宮城県牡鹿半島の先に浮ぶ金華山や奈良県大台ヶ原などでは、手厚い保護のお陰でシカの数が増え過ぎ、木の葉はもちろん樹皮まで食い荒すので、森林自体が潰れていっています。カモシカも、特別天然記念物に指定されて大事に保護されるようになってから数が増え過ぎ、ヒノキの植栽木を食べ荒すなど、林業地域の困り者になりました。

自然保護も過保護ではいけません。「過ぎたるは及ばざるが如し」なのです。

情けは人の為ならず

「地球にやさしい……」――年号が平成と改まった頃からでしょうか、環境問題によく使われるようになったこのコピーは、なかなかスマートで、一般受けがよろしく、はやり言葉となりました。類似のものに「地球と友だち……」「病める地球を思いやって……」。

大間違いのコピーです。分かっていないんだなァという感じです。まず、これらの言葉に人間の思い上がりが見えます。「やさしい」は、親と子、年上と年下、上役と下役、先生と生徒といったように、優れた者が劣った者に、また強者が弱者に及ぼす行為や思いのときによく使われます。とすれば、ここで「地球にやさしく」しようとしているのは「人」でしょうから、人の方が地球より偉いことになります。これはまったく逆ですよネ。この言葉は地球に対して失礼です。

そもそも、環境を守るとか、自然を保護するとかいうのは、地球のためにすることでしょうか。否。それは「人間が住める環境」を維持しようとしているわけで、人間のためなのです。

地球は、誕生してから四六億年も続いてきました。そのなかで、最近わずか何百万年かの歴史を持つに過ぎないヒト、とくに最近二百年間のヒトという生き物が、自分たちの生息が可能な今の環境を、自分たちが住めなくなるように変えているに過ぎません。それは地球にとっては、大したことではありません。ヒトという生物が、自分で自分の生息環境を悪くして、その結果絶滅したとしても、地球は一向に平気なのです。

たとえば、いま地球環境問題の中心的課題となっている大気中の二酸化炭素増加（『杞憂』）に関すること。それは、その濃度が現在の二倍になるとどうなるかというレベルでの話で、そうなったときに、人類の生存や居住にどう関わるかの心配なのです。地球にしてみれば、今の二酸化炭素濃度の千倍以上の時期を、かつて何億年もの長い間経験済みなのですから。

「地球のために」環境を守るのではなくて、環境を守るのは「人類が生きられるために」なのです。森林を守れという話も、何も地球のためではなく、人間の生存が可能な環境を維持するためなのです。地球は、森林の無い長い長い時代もとっくに経験済みで、それでも地球自体は続いてきたのですから。今の樹木が現われたのは一億何千万年か前、その前の大型シダ類などの時代ですらやっと三億年前のこと、地球の歴史四六億年と比べると、ほんの短期間なのです。

「地球と友だち」というのも同様です。友だちというのは対等の関係ですから、これもおこがましい言葉というべきです。人類は地球の間借り人、いや居候です。「地球と友だち」というのは、居候が家主さんを友だち呼ばわりするようなもの、自分の力を鼻にかけて暴れ廻った孫悟空が、実はその掌から飛び出せなかったお釈迦様に、友だち付合いを申し出ているようなものです。

「環境にやさしい」という類似のいい方もあります。しかしこの方はまだ救われます。この場合「人類のための環境」がなんとか想定できるからです。少し難しくいえば、主体となるものがまず在り、それを取り巻くものが環境です。環境という場合、その主体は何か、すなわち何にとっての環境なのかがはっきりしていることが必要で、そうでないと環境の論議は焦点を失ってしまいます。

「地球にやさしい……」は、きれい過ぎて錯覚を起こします。誰かのために環境を保全するのではなくて、保全するのは自分たち人類のための環境という意識を曖昧にしてしまうこのコピーは、即刻排出規制すべき有害物ではないでしょうか。このソフトなフレーズが、大勢の人に「地球にやさしい」洗剤や車を買うことが、地球環境にとって良いことをしている、と思わせるとしたら、この言葉は厳罰ものといわざるをえません。

今日話題の「地球環境」も、実は「人間のための地球環境」なのです。しかし、「人間のための」が「他の生物のことは考えない」ことと違うのはいうまでもありません。現在は、他の生物との共存の中でこそ人間生存も可能である、という認識が定着してきております。

「情けは人の為ならず」、情けを他人に掛けておけば、いずれ自分に善い報いがあるの意。近頃はこれを「情けを掛けられた人の為にならない――有難迷惑」と解釈する人もあると聞きますが、

「掛ける情けは他人の為でない、自分の為」と解して、地球環境問題を指して妙です。どうしても「やさしい」の語を使うならば、その「やさしい情けは地球の為ならず、それは人類の為」をまず理解してからにして欲しいものです。

さて、森林からの木材資源について。一般に木を伐ることが罪悪視され、木材は「地球にやさしくない資源」と見られがちです。しかし、自然の原料とエネルギーを使って生産され、長い生産期間中に環境汚染が無いどころか、人間に素晴らしい環境を与え、同じ場所から繰返し収穫が可能なのが木材資源です。これは鉱物や化石資源とまったく違うところです。

木材として利用されても、その間木材は、いま問題の二酸化炭素をかたちを変えて貯留しているわけで、いうならば法隆寺は一四〇〇年間に渡って炭素を貯留し、その分だけは大気の二酸化炭素濃度を低く抑えてきたことになります。また、木材は組み直し、継ぎ直し、削り直して、何度も再利用が可能です。さらには、かねてから木材の欠点として、燃えること、腐ることが挙げられてきましたが、これは最終的に廃棄物となった段階で、自然の大循環の中へ組み込めることを意味しています。木材こそ、人間の環境を維持するのに相応しい資源といえるのではないでしょうか。もちろん森林の伐採や更新、木材の利用法の「やり方を間違えなければ」という注釈を付けておく必要はありますが。

高山の頂には美木なし

枯れ木も山の賑わい

信州、八ヶ岳連峰の北横岳の中腹、標高二二〇〇メートルの坪庭まで、蓼科高原から一気に運びあげてくれるピラタスロープウェイに乗ってみましょう。はじめは草原の上を、そして次第に針葉樹林の上空へとゴンドラが進むにつれて、眼下の景色に乗客の誰かがいい出します。「枯れ木の多い山だね」「枯れ木も山の賑わいさ」。

確かに立枯れ木の多い山です。そして残念ながらゴンドラからはちょっと見えませんが、その続きの南斜面に展開するのが、世界的にも有名な「縞枯れ」の風景なのです。その名も縞枯山と呼ばれる山です。このあたりは亜高山帯で、モミの仲間のシラビソやオオシラビソの針葉樹林が広がります。クリスマスツリーの森といえば分かりやすいでしょうか。その濃緑の針葉樹林が覆う縞枯山の南斜面に、水平に走る数本の白い縞が不思議な景色を生んでいます。白い縞の正体は立枯れ木の幹、立枯れ木がばらばらとあるのではなく、列を成しているのです。

ロープウェイの終点から、四〇分も歩けばこの縞枯山の頂上、二四〇二メートルに至りますが、これではいきなり縞枯れ林の中へ入ってしまい、その特異な景色は眺められません。眺望するには、蓼科高原から八千穂へ抜ける国道の最高地点の麦草峠、その北に位置し縞枯山と向いあう茶臼山からがベストです。もっとも、その気になれば蓼科湖や茅野市街からも超遠望できますが。

縞枯れとは、亜高山帯のモミ属の林で、その稚樹が発生し、成長し、成熟し、やがて立枯れるという過程が、帯状に一斉に起こり、それが一定の周期で繰り返される特異な現象です。一つのサイクルの最前列では立枯れ進行中、その下には稚樹が密生しています。その前（斜面下）には少し大きい若木が地表を覆い、古い枯れ木の倒れたものが目立つ段階を経て、その前その前と年を重ねた樹木は次第に大きくなり、成熟林に至ります。成熟林の中にも立枯れがぽつぽつありますが稚樹はほとんどなく、続いて最前線立枯れ帯、次のサイクルの稚樹密生となります。

もっとも有名なのがここ縞枯山ですが、この現象は同じ八ヶ岳連峰のあちこちで見られますし、奥秩父や甲信の山々にも、また遠く奥日光や奈良の弥山にも現われます。いずれも尾根筋に近い南斜面に現われやすく、帯状の他に弧状、半月状のものもあります。

海の向こう、アメリカ・ニューヨーク州のバルサムモミの林にも同じ現象があります。これも亜高山帯、冷涼で霧が多く、縞枯山と似た気候条件のところです。山の名はホワイトフェース山、つまり白面山、立枯れ木の幹の白っぽさが由来でしょうか。この山は、一九八〇年冬季オリンピックのスキーコースとなり、新聞でよく名を見ました。なお、アメリカでは縞枯れ現象のことを

wave-regeneration 波状更新と呼んでいます。なるほど、高いところから見れば、幾重にも繰り返される縞枯れのサイクルは、岸辺に寄せくる波に似ています。

一斉の稚樹密生更新、幼齢期、壮齢期、成熟期、立枯れという経過が、連続的にしかも一定の周期をもって繰り返され、帯状に見えるわけですから、縞枯れの帯は年々移動していくはずです。私たちの調査例では、立枯れから次の立枯れまでの一サイクルの帯の幅は、八〇〜一〇〇メートル、立枯れ木の樹齢は約一三〇年でしたから、その進行速度は一年に六〇〜八〇センチということになります。航空写真で判読すると、年間進行距離は最大五・七、最小〇・九、平均二・六メートルだといいます。アメリカの例でも、平均一・六メートルでした。かなりのスピードです。超低速度カメラで撮影したら、マクベスもまっ青、「山が動く」のが見えるかも知れません。

どうして縞枯れに？　誰しも思うところですが、その原因は、風、氷結、土壌、夏の寒さ、冬の乾燥と、いろいろ仮説はあるものの、今のところ定説無しです。ただ、日米の例とも縞枯れの進行方向と主風の方向は一致しているので、風主犯説有力のようです。まあそんなに結論を急がず、一つのロマンとして、この不思議な自然現象を原因不明のまま置いておきたい気もします。

確かに不思議な現象ですが、最前線の立枯れ木は決して若死ではなく、それこそ天寿を全うした木なのです。縞枯山で一〇〇〜一三〇年、アメリカのホワイトフェース山で六〇〜七〇年、樹木としては若いように思えますが、モミ属は案外短命で、森林状態で生育するときには、寿命はこれくらいのものです。天寿を全うした枯れ木が列を成して立ち並ぶ、これが縞枯れの実態です。ちなみにこの時の最終的な木の大きさは、太さで一〇センチ、高さで一〇メートルがせいぜいです。一〇〇年かかってこの大きさ、それはやはり寒さと風をはじめとする厳しい環境、そして幼時から密生して競争してきた生育経過によるものでしょう。

「枯れ木も山の賑わい」――役立たずでも無いよりまし、といった意味でしょう。しかし、枯れ木のお陰で風景が引き立つ例はよくあります。縞枯山では枯れ木そのものが風景なのでした。ところで、本当に枯れ木は単なる山の賑わいだけなのでしょうか。「枯れ木に花が咲く」ほどの派手さはなくとも、背後の成熟林を保護し、地表の稚樹の生育環境を整える、また物質循環上の意味あいなど、枯れ木にもそれなりの存在意義がありそうな気がします。

枯れ木の話のつけたし。そもそも亜高山帯は立枯れ木が目立つところです。針葉樹は比較的腐るのが遅い上に、亜高山帯の寒さは木材腐朽菌の活動を抑制しますから、立枯れ木になりやすいのです。もともと亜高山帯に多い立枯れ木を、風景が似ているからといって、近頃話題の「酸性雨被害」と単純に見誤らないようご注意。

高山の頂《いただき》には美木なし

わが国の三千メートル級の山々の頂には、樹木はありません。一言でいえば寒いからです。山によって違いますが、中部日本ではおおよそ海抜二五〇〇メートルまでが森林域、これより高いところでは背の高い樹木はあってもまばらで、ハイマツに代表されるような低木の茂みになってしまいます。この境界が森林限界です。

しかし、もっと海抜が低くても、てっぺんに森林がない山はたくさんあります。

それは「山のてっぺん」だからです、簡単にいえば。山頂や尾根筋という地形は、山の斜面に比べて特殊な厳しい環境条件にさらされています。いま、水分を一杯に含んだ空気の塊りが移動してきて、山にぶつかったとします。湿った空気の塊りが斜面を這い登るにしたがって、気温は下がり、湿度が相対的に高くなって雨になり、斜面に落ちます。こうして空気の塊りの中の水分が減っていくと、降水量は斜面のあるところで最大、それより高い山頂に近いところではかえって少なくなります。このことは、天気予報でおなじみの「山間部は雨」が物語ってくれます。

そして、山頂や尾根筋は、降った雨が流れやすい地形です。それに加えて山頂部には、強い風がつきまといます。尾根を歩いていて強風に曝された経験を持つ人も多いと思いますが、強い風は雨滴を吹き飛ばしてそれだけ降水量を少なくし、また天気が良ければ良いで、強い風は地面からの蒸発や植物からの蒸散、すなわち水の消耗を促します。雨量自体が少ない、水が流れやすい、風による水の損失、つまり、山頂や尾根筋は水不足になりやすいのです。

まだ悪い条件があります。強い風は地表の落葉を吹き飛ばします。栄養豊富な柔らかい土をつくるのに不可欠の材料である落葉、その落葉を失うことは、山頂や尾根筋の土にとっては致命的。土はいつまでも瘠せたままで、なかなか発達しません。もともと植物の生育が悪くて落葉自体も少ないというのに、それがさらに失われるのですから。

したがって、こうした場所に立派な森林は成立できず、条件がとくに厳しければ、生育の悪い樹木ですら見られません。その地域の森林限界より低くても、山頂部に森林を欠き、低木林や草原になるこうした現象を、山頂現象と呼んでいます。この現象には、気温が低いことは問題ではなく、温暖な地域でもよく見られます。たとえそれが数百メートルの低い山であっても、また、気温や湿度が充分な地域であっても、さらに、熱帯山地や南太平洋の常夏の島であっても。

山頂現象は、わが国のどこでも見られますが、とくに東北地方日本海側の、冬の季節風に直面する山地では、この地方にとりわけ多い積雪の影響もあって、山頂現象がとくに顕著に現われます。海抜高の低い丘陵でも高木林を欠いている場合が多く、また高木のミズナラは低木化して、すでに遺伝的に固定されたミヤマナラになっています。同じような例として、伯耆大山では高木のイチイが低木化したキャラボクが有名です。

「高山の頂には美木なし」といいます。社会や組織の頂点に在る者は、風当たりが強く、人々から何かと誹られ、傷だらけになり、美名を保ちにくい、というのが本来の意味でしょうか。この言葉の自然科学的背景は、まさにこの山頂現象のことだと思えます。高山をハイマツやお花畑の高山帯、高山帯には立派な木が生育しないとドライに解釈することもできますが、この言葉にいう高山とは相対的に高い山のこと、そして美木とは、姿や花が美しいのではなくて、高い、太い、立派な、堂々とした木という意味です。

信州松本市の東に位置する美ヶ原に登ってみましょう。その頂上の海抜は二〇三四メートル。三千メートル級の山々が目白押しの信州で、この山はそんなに目立ちません。それらの山々の森林限界よりも低いのですから。美ヶ原の降水量は山地としては少ない方ですし、風も西風の強いところです。山頂現象の条件は揃っています。もっとも山頂現象だけでもないようで、ずっと以前は森林だったといいます。それがどうも山火事があった模様で、あるいは台風だったかも知れ

ませんが、森林が無くなり、山頂現象の条件が揃っているだけに跡地の森林化は進まず草原のま
ま、その草原にかなり古くから、ひょっとすると平安時代から放牧が行われ、放牧が常に草原の遷移を抑制するように働いて、森林にはならなかった、という経過が考えられます。

美ヶ原（山頂現象）

風の吹くまま気の向くまま

もう少し、美ヶ原の台地を歩いてみましょう。美ヶ原は台地状の山ですが、その山頂は、御岳、乗鞍、穂高、槍、白馬、浅間、八ヶ岳の山々、中央アルプス木曽駒ヶ岳、南アルプス北岳から、さらに富士山まで一望の、三六〇度の展望台として親しまれています。山頂付近には森林はもちろん、高い木もごく僅かで生育も悪く、木が無いから展望がきくともいえます。そこに広大に広がる草原のあちこちで草を食む放牧の牛も、また観光客の視線を集めます。

松本市からの登山車道は、立派な生育を見せるカラマツ人工林の斜面を縫って山頂に向かいますが、海抜一九〇〇メートルを越すと台地状になり、ここまで登った途端にカラマツ林はみすぼらしくなってしまいます。山頂現象がカラマツ人工林の生育を妨げた結果です。台地上やその真下の松本市に面して常風の吹き当たる西斜面に点在するカラマツは、その名残です。もちろん若干の天然カラマツもありますが。そして、この台地を東へ越したところには、亜高山帯のシラビソやダケカンバの林が立派に生育しています。

山頂現象によって、台地上にはたいして立派な木は無いのですが、その木の形も変わったものがあるのに気付きます。枝がある一方向にしか伸びていないのです。幹も同じ方向に傾いて見えます。ところが注意して見ると、地面近くでは、枝は一方向ではなく、ちゃんと四方に伸びています。木がどうしてこんな形になるのでしょうか。

こうした樹型は、山頂や尾根筋に多く、強い風の影響で生まれます。いつも同じ方向から吹いてくる強い風が、風上側へ枝が伸びるのを妨げ、風の影響の少ない風下側へのみ枝を発達させるからです。とくに寒冷地では、風上側の芽が低温や凍結によって枯死し、春になって枝が成長するのは風下のみ、というわけで、風下へ枝をなびかせた形ができやすいといえます。もちろん、一年や二年でその形ができ上がるわけではありませんが。枝の片寄ったこうした特異な形の樹木を、ちょっと難しく、偏（片）面樹冠木とか偏崎樹とか呼んでいます。英語ではこの形を旗に見立てて flag tree（旗型樹）、この方が分かりやすいでしょう。

旗型樹は、常風の風圧によって枝がなびく物理的な作用、風が蒸散を強制するために葉が乾燥する作用、寒風が吹きつけるために若枝や冬芽が凍結して枯れたり、凍結の重みで破損したりする作用が積み重なって生じます。海岸でも旗型樹はよく見られますが、この場合は風に運ばれてくる塩分が大きく影響します。

まさに「風の吹くまま き(木)の向くまま」なのです。したがって、この樹型からその場所の主風向すなわち常風の方向が推定できます。つまり、枝がなびいている方向の逆からの風が強いことを教えてくれるわけです。

ところで、美ヶ原では、地表に近いところでは枝がちゃんと四方に張っているのはなぜでしょうか。それは積雪のせいなのです。雪が積もっているのは確かに寒い風景です。しかし、よく雪洞を掘って遭難を免れた話があるでしょう、それと同じで、積雪の中は存外に暖かく、めったにマイナス温度にはなりません。寒風吹きすさぶマイナス一〇℃、二〇℃の外に比べて、積雪の中のなんと暖かなことか。こうして、積雪に埋もれる部分の枝は寒風から守られて、雪の布団の中でぬくぬくと冬を過ごし、正常に生育できるのです。その暖かさに、特有の菌害が発生することもあるほどですし、根雪のある地域ではその下の土が凍ることもありません。

とすれば、夏にその木を見て、その場所の冬の風向きと積雪の深さを推定することができるはずです。積雪を抜き出た部分だけが寒風に曝されて旗型になっているからです。旗型から主風向が分かり、四方に枝が張っている高さが積雪深を教えてくれます。もちろん、もっともっと寒風が強いときには、雪上部は枯死してしまっています。

美ヶ原の場合、お目にかかれる旗型樹のほとんどはカラマツで、彼らはみんな東側だけに枝を伸ばしています。したがって、ここの常風は西風、松本側からの吹きつけです。地面近くの正常な枝張りの高さはせいぜい数十センチ、美ヶ原はもともと雪が少ない上に、尾根筋や台地では風が強くて積雪が吹き飛ばされてしまうせいでしょう。

旗型樹型（美ヶ原）

わがものと思えば軽《かろ》し傘の雪

冬。吹雪のすさぶ高原に、雪と氷にとざされた荒野に、そして丈余の雪の下に、植物たちは再びめぐり来る春をじっと待っています。雪、それは冬の象徴です。雪によって、植物の生活はさまざまな影響を受けます。人間にとっても、あの八甲田山雪の行軍をはじめ、雪崩に巻き込まれた、家が押し潰された、雪山遭難など、雪は数多の悲劇の演出者です。しかし一方で、雪山で雪洞を掘って助かった話、スキー、雪祭り、かまくらなど、人に有益であった雪、楽しい雪も数々です。「雪は豊年の貢」とも。明と暗、害と益、雪は両面を持っています。

わがものと　思えば軽し　傘の雪

降りくる雪は柔らかくて軽く、一〇〇立方センチあたり三〜一五グラムですから、傘にそっと積もったとしても、大したことはないでしょう。しかし、もう少し降り積もれば、わがものと思うだなんて、そんなのんきなことはいっておられません。

冠雪害という樹木被害があります。これはまさに傘の雪が原因の害です。樹木の枝葉に積もった雪が、さらに仲間を呼び招き、大きく発達した雪の綿帽子の目方に耐えかねて、幹が折れたり曲がったり、根返りしたりの被害。頭でっかちの害ですから、雪自体が湿って重く粘着力があり、気温高く、風が無い、樹木は細長、片枝、梢に枝葉集中、といった条件が揃うと致命的です。したがって、豪雪地帯よりは、平年少雪の温暖地方、関西以西以南で、冠雪害は多くなります。

豪雪、いつの頃からか、この言葉が市民権を得ています。もともと雪の多い地方を漠然と豪雪地帯と呼んでいたのですが、現在の定義では、最深積雪の平年値一メートル以上のところを多雪地帯、二・五メートル以上を豪雪地帯といいます。こうした雪の多い地方での積雪の圧力は想像を絶します。積雪がだんだんと沈んで締まっていく力は、その中に埋もれた物には、布団を被せて抑えつけるように周囲からの重みも加えてのしかかります。それは校庭の鉄棒を曲げるほどです。道路のガードレールも、くちゃくちゃになるので、積雪期は取り外しておかれます。

それに積雪はじっとしていません。一気に斜面を駆け

スギの根曲がり（羽黒山）

落ちるのが雪崩ですが、そうでなくても積雪は自身の重さによって斜面をゆっくりと下ります。これにも当然強い圧力があり、それによって樹木に被害が生じます。根元曲がり、根抜け、幹の曲がり・折れ・割れ等々。

根(元)曲がりは雪国の樹木の象徴です。幼樹には柔軟性があり、積雪に埋もれると斜面沿いに伏せて雪圧に耐え、樹高が積雪深の二倍ぐらいまで成長してから直立してくるので、その幹の下部は大きく湾曲しています。

また、雪は、個々の樹木への影響だけでなく、植物の分布や生活形をも変えてしまいます。有名な蔵王山の樹氷。人々を喜ばせるモンスターの特異な景観は、いかにも雪が多い印象を与えます。ところが蔵王の雪はわが国では二軍級、というと異論があるでしょうネ。実はモンスターの中身の樹木が、オオシラビソ（アオモリトドマツ）であることがその証拠なのですが。

冬季やってくる大陸生まれの北西季節風は、日本海を越えるとき暖流の影響を受けて水分を十分に含んできます。これが日本に上陸して山脈にぶつかり、日本海側に落とす水分が雪となって豪雪地帯を生みます。湿った風は山脈を一つ越す毎に水分を落としますから、日本海に近い山脈ほど雪は多く、いくつも山を越えてくる太平洋側では、冬、降水量は少なく、むしろ乾燥です。

日本海に直面する鳥海山から出羽山地、越後山地などの海側斜面は、一〇メートルを超える積雪深さえ記録されている、わが国きっての豪雪地帯です。地表に這って雪圧に耐える形になれないオオシラビソは、ここでは生育できません。蔵王山は、出羽山地を越えた風がぶつかる第二列目の山脈で、ここでは出羽山地より雪はずっと少なくなり、そのお陰で、そう耐雪性に優れているともいえないオオシラビソも生育できるというわけなのです。モンスターが発達することが、雪の比較的少ない証拠、逆説的というか何か屁理屈みたいですが。

したがって、同じ山でも、雪が吹き飛ばされる尾根などにはオオシラビソがあり、風下の吹溜りでオオシラビソを欠く、といったことも当然あるわけです。八甲田山はその例の一つです。

いっぽう、前節『風の吹くまま…』で紹介したような、「積雪の中の暖かさ」が樹木に与える影響もあります。暖地性の樹木が雪国を北上して分布できるのも、雪の断熱効果のお陰です。たとえば、暖温帯の代表選手のツバキは、雪の多い日本海岸沿いにずっと生育し、北は青森県の津軽海峡南岸にまで達しています。同様に暖温帯の常緑広葉樹のユズリハ、モチノキ、アオキなども、寒い冬を雪の中でしのいで、雪国を北上しています。しかし、雪に埋もれて生活するには、雪の重さという圧力に耐えねばなりませんから、低木の姿や地を這う型になって生活し、それぞれエゾユズリハ、ヒメモチ、ヒメアオキと名前まで変えています。

柳に風(雪)折れなし

「暴風は樫の根を堅くする」ということわざがイギリスにあります。強風に立ち向かうオーク(カシではなく、正しくはナラやカシワ。『東は東…(二一)』)の頑丈な姿が思い浮かびます。ところが風が強すぎれば「葦は立ち、樫は倒れる」。風になびくアシならどんな風にも耐えられるが、風に真正面からぶつかるオークは負けて倒れてしまう、「柔よく剛を制す」といったところでしょうか。木には木で対応するならば、当方にも「柳に風」というぴったりのことわざがあります。さらに「柳に風(雪)折れなし」と。

ヤナギの種類は多く、その生育地も暖から寒、乾から湿へと幅広く、形もさまざまですが、ここでいうのは当然シダレヤナギです。シダレヤナギは、その風情ある姿で人々に親しまれていますが、実は中国原産。中国でも古くから愛された樹木で、詩文にもよく登場します。「梅花は雪の如く、柳は糸の如し」はまさにシダレヤナギのことでしょう。そのなよなよとした姿は、柳腰なる言葉まで生みました。

風を受け流し、雪折れもない柔らかな樹形から、シダレヤナギは葉のない季節でも遠くから見分けがつきます。同様にほうきを逆に立てたような樹冠のケヤキも、その形に特徴があります。モミやトウヒ、スギやヒノキ、マツ類なども、それぞれ遺伝的に特有の樹形を持ち、それがそれぞれの場所の景観を特徴づけます。

ところが、ある樹種がいつもその形かというと必ずしもそうでありません。たとえば、富士山の五合目から上の高山帯に生育するカラマツは、当たり前の高木型とは違って低木型になっています。富士山が山としての歴史がまだ浅く、また孤立峰なので、本来なら高山帯を占めるべきハイマツがまだ進入せず、その位置をカラマツが代行しているのですが、代行とあってかそのカラマツは律儀にも姿までハイマツ状に変わっています。高山帯の低温、強風、積雪などによる、つまり、そこの環境に耐えて生育するために、本来の樹形を変えて対応している例と考えられます。

それじゃ、アルプスなどのハイマツも環境に適応して低木匍匐《ほふく》型なのでしょうか。これはちょっと違うようで、高山帯から採ったタネを標高の低い暖かいところで育てても、高木型にはなりません。長い歴史の間にハイマツは低木匍匐型と遺伝的に決まってしまっているのです。中には直立型のものもあるようですので、遺伝的に固定しかかっているというのが正しいかも知れません。ヨーロッパのムゴーマツや北米のエンゲルマントウヒには、直立型と匍匐型があり、遺伝的に分けられているようです。ムゴーマツの両型が並んで生育していることもあります。

ヒマラヤスギは、地面近くから四方に枝が張り、円錐形の整った姿が好まれて庭園に植栽されていますから、ヒマラヤスギはいつもこんな形と思ってしまいます。しかしこれは、庭園という条件で、孤立状態で育てられているためで、もし寄せ植えしたり林をつくらせたりしたら、下枝が枯れ上がって普通の木の形になってしまいます。現実に、森林をなしている原産地では下枝がないのが当然ということです。

こんな例は、スギでもヒノキでも、どんな木にもざらにありますし、林内の枝は枯れ上がっていても、林の外縁にある木は地面近くまで枝葉を着けて、林のマントのようになっているのをよく見かけるでしょう。群をなす場合は孤立木の姿は失われますが、それは隣の木と接して光を奪いあう結果で、つまりその木にとって群生すること自体も環境であり、隣の木の存在もまた環境ということなのです。

山頂などの旗型樹（『風の吹くまま…』）や多雪地の根曲がり木（『わがものと思えば…』）も風や雪という環境の影響で、樹形が変わる例です。

一本の木の中でも環境に対応した変異があります。梢などの日当たりの良い葉は比較的小さくて厚く、葉緑素をたくさん持って盛んに光合成する陽葉、下層で日当たりの悪いところの葉は広くて薄く、光合成能力も劣る陰葉と、形態的、構造的、機能的にも変化しています。

樹木の形の大分けは、高木と低木です。高木とは樹高が高くなり、幹がはっきり区別できるもの、低木とは樹高が低く、幹と枝の区別がはっきりしないもの、なのですが、何メートル以上を高いというのか、定かならずです。普通五メートル程度を境界とすることが多いのですが、二メートル説もあります。いずれにしても、将来高木の条件を満たす樹種は、いま背は低くても高木種なのです。樹高二メートル説にも確かな根拠があります。デンマークの植物生態学者ラウンケアが、二十世紀のはじめに生活型という植物の区分を考えました。これは寒さや乾燥など、生育が不適当な時期に休眠しているその植物の芽（休眠芽）が、水中、地中、地表、地上のどこにあるかを基準に植物を分けたもので、地上植物を、その休眠芽の高さ〇・三〜二メートルを低木、二〜八メートルを小高木、八メートル以上を高木と分けています。

高木が低木化し遺伝的に固定された例は、積雪の影響によるものにたくさん見られます。ミズナラが低木化したミヤマナラ、イチイが低木化したキャラボクの例を『高山の頂には…』で、低木化して積雪下で越冬する照葉樹、ユズリハがエゾユズリハに、モチノキがヒメモチに、アオキがヒメアオキに、を『わがものと思えば…』で紹介しましたが、そのほかにも、針葉樹のカヤがチャボガヤに、イヌガヤがハイイヌガヤに、などの低木化の例もあります。

地震・雷・火事・親父

まずは地震。昭和五十九年九月十四日八時四十八分、直下型の長野県西部地震発生、震源地木曽郡王滝村は大被害を受けました。マグニチュード六・八、死者二九名、重軽傷一〇名、建物の全壊流出一四、半壊七三、一部破損五一七棟、土石流や地滑り崩壊は多数発生。なかでも伝上川と濁川上流の、標高一九〇〇〜二五五〇メートルの山腹四四ヘクタールの一挙の崩壊は大規模で、三六〇〇万立方メートルの土砂が、時には小尾根を飛び越して、秒速二〇メートルで一気に流れ下り、本流の王滝川V字谷を埋めて広大な平地をつくり、堰き止め湖を生みました。これによって、濁川温泉旅館は流出、国有林の氷ケ瀬事業所や貯木場等は壊滅しました。

　こうした地震による山崩れはときたま起こります。そう頻度が高いものでもありませんが、一旦起きてしまえば森林山地の後始末は大変です。伝上川と濁川の土砂が流下し、また堆積した跡の広大な裸地を復旧する努力が、災害直後から今もなお続けられています。砂止めダムを多数設置して河床を安定させ、ボランティアを募集したり協力を要請したりしての緑化植栽活動、航空機からのタネまきなどの成果が、災害後一〇年余りを経過して、徐々に上がりつつあります。

次は雷。雷が木に落ちると幹が裂けます。時にはそれが引き金になって火災が起こりますが、わが国では、落雷の時は大抵雨ですので、大きな火事になることはめったにありません。しかし、カナダやアメリカなどの森林地帯で、乾燥した時期の落雷が大きな山火事を引き起こすことは、そう珍しくはないようです。

雷様にも好き嫌いがあるらしく、ポプラはもっとも落雷しやすく危険な木だといいます。空を突くように伸びているせいでしょうか。ついでナラの類。一方、モミ、トウヒ、マツの類には落雷しにくく、ブナやカンバの類にはめったに落ちないとのこと。

さて、火事のこと。山火事は森林の大敵です。わが国で毎年四〜五千件の山火事があり、中には何日も燃え続ける大火も含んで、毎年四〜五千ヘクタールの森林が焼けています。山火事は、樹木や人家などへの直接の加害だけでなく、火災によって生まれた焼野原が、水や土を保全する力を失い荒廃を招くという副次的なマイナスも見逃せません。鳥獣類のすみかも失われます。

山際まで宅地化が進んだため、人家に延焼することも増え、従来ならニュースにならなかった程度の山火事も報道されるので、最近は山火事が多いような気がしますが、とくに増えているということでもないようです。しかし、レクリエーションなどで森林に入る人が多くなり、火の管理が不十分なこと、石油燃料などが普及して以来、燃料材としての価値を失った枯れ木や枯れ草が放置されていること、農山村は過疎化が進んで消火活動にも支障があるなど、山火事の増える条件は揃っています。

春先、サクラ前線と並んで山火事前線も北へ向かいます。この頃、とくに太平洋側は乾燥している上に、山野には落葉や枯れ草など燃えやすいものが一杯、山菜採りやハイキングなどの人の入り込みも多くて山火事危険時期です。わが国の山火事の大半は三月から五月にかけて起こりますが、この時期、枯れたシダ類は三五〇℃、六・四秒で着火、ササは生葉でも四〇〇℃、六秒で炎を上げるといいます。わが国では落雷や噴火、木の摩擦などの自然発火はまれで、原因の大半はタバコ、焚火、火遊びなど。春先の乾燥期なら、出火にはタバコの吸い殻一本で十分です。

火はまず地表の枯れ草などに燃え広がりますが、この段階で消火できれば大事には至りません。次に火は枝葉に移りますが、この時枯れ枝や登っているツル類などが仲立ちをします。さらに幹が燃えだすと大変です。もっと始末が悪いのは土の中の有機物に火が着いてしまう場合。これは一旦鎮火とみえても土の中でくすぶり続け、かなりの時間を経て再発火することがあるからです。

山火事防止には、まず何よりも火の始末、燃えやすいものを除く林の手入れを怠らないこと。そして、一旦出火したら初期消火に努めることです。最近はヘリコプターで消火剤を撒く方法もありますが、林道の大切さをつけ加えておきましょう。林道が整備されていたら、火災が発生したとき、いち早く消火に駆けつけられるだけではありません。林道は防火線の役目を果たし、とくに初期の地表の燃え広がりを防いでくれるのに効果的です。

最後に親父のこと。山親父といえばクマのことです。北海道のヒグマ、その他の地域のツキノワグマ。ブナなどの幹の皮の滑らかな樹木には、その爪跡がいつまでも残っています。枝の股に枝葉を寄せてねぐらをつくるために木に登るからです。クマはわが国の森林でもっとも恐ろしい存在で、人命も奪いますが、樹木にもちょっと困ったことをしてくれます。ツキノワグマは針葉樹の樹液を舐めるために幹の皮を剝ぎ、このため木が枯れることもしばしばです。この加害は、不思議にもクマの生息密度が高い日本海側よりも、中部・近畿・四国の太平洋側で多いといいます。

親父のついでといえば罰が当たるかも知れませんが、山の神のこと。女房のことを山の神といいますが、山を司る神様は、実は女性です。もともとその土地を受け持ち守ってきた土着の神様で、日本全国どこの山へいっても、その祠や碑があり、春に山の安全を祈り、秋に安全を感謝するお祭りが盛んです。祭の日に山に入ると事故があるといわれ、山の人々はそのタブーを堅く守っています。この日は山の神が木の棚卸しをする日で、その邪魔をしてはいけないのです。山の神は木の数を数え、百本ごとの心覚えにひょいと木を捻る、だから山には所々に捩れた木がある、といい伝えられています。

樹あるを以て貴しとなす

山高きが故に貴からず

日本の最高峰富士山、大空を突き刺してそびえ立つ槍ヶ岳、六根清浄の声とともに額に汗した白衣の信者の列が行く御岳山。山が高いこと、それはその山が尊ばれるための大きな要素でしょう。「山高からざればすなわち霊ならず」——山は低くては霊山の風格がない——です。

しかし、たとえば日本第二位の海抜高を持つ南アルプスの雄、北岳をはじめとして、間の岳、農鳥岳など、三千メートルを超しながら、派手な人気もなければ、いま一つ知名度も高くない山々があるのはどうしてでしょう。その一方で、海抜九百メートルにも満たない比叡山、ようやく一千メートルの高野山、四百メートル台の羽黒山など、低くても尊敬されている山もたくさんあります。もちろん、これらの山々は古くから信仰と結びついていて、そのために尊びあがめられてきたのはいうまでもありません。山自体が御神体という例もあります。奈良の三輪山は、高さは四六七メートルですが、それを祀る大神《おおみわ》神社には、拝殿だけで神殿がありません。三輪山自体が御神体なのですから。

「山高きが故に貴からず、樹あるを以て貴しとなす」。山は高いだけで価値があるわけじゃない、それに森林があってこそ山の価値もある、外観だけが立派でも本当の値打ちがあるとはいえない、実質が伴ってはじめて尊いというものだ、といった意味でしょう。

全国的に降水量が多いわが国では、山に木が生え森林があるのが常識で、山イコール森林として扱われます。桃太郎のお爺さんが柴刈りにいく山とは森のことですし、里山の言葉もそれに森林をイメージして抵抗感はありません。しかし、森林が成立できるに足るほどの降水量があるところは、実は地球陸地の三分の一ほどにしか過ぎません。貴しとなされる樹のあることが当たり前の国に住む日本人は、このことにもっと感謝して然るべきなのです。

森林あってこその山の値打ち、それは材木が採れるからだ、と解釈する人は今ではほとんどなくなりました。木材をつくり出すことも確かに重要な森林の役目で、それは変わりませんが、それに加えて、その他にもさまざまな森林の働きがあることを、誰もが知るようになりました。

森林あってこその値打ち、その代表的な働きは水保全です。山に森林があれば、その地表に枯れ葉や枯れ枝が落ち、それらは徐々に腐りながら土に混ざり込み、「良い土」が生み出されます。これが団粒構造と呼ばれる土の構造で、孔が多くて水や空気の通りがよく、また水をよく滲み込ませて水持ちにも優れています。それに森林の土には小動物がたくさんいますから、それらが動き回った跡や根の腐った跡の孔も多くて、森林の土は降った雨をよく浸透させます。この話はすでに『百年河清を俟つ』で出てきましたが、もう一度整理してみましょう。

小雨であれば、それは葉や枝を濡らすだけで、そのまま蒸発してしまいます。木立ちに駆け込んで雨宿りできるのはこの段階です。さらに雨が降り続けば、葉や枝からしたたり落ちたり、幹を伝わったりして、雨水は地表に達し、まず地表を覆う落葉の層に吸収され、つぎに土の中へと浸透していきます。土の中では水はゆっくり動き、時間をかけて谷川へ出たり地下水に加わったりします。つまり、土に滲み込むことによって、降った雨水は一気に川へ流れ出ないわけです。

土が悪ければ、水は浸透しにくく、地表を流れてすぐに川へ出てしまいますから、降雨後まもなく川は増水し、時には下流で洪水を起こします。土の中を通ってゆっくり出てくる水が少ないわけですから、雨が止めば川はすぐに減水し、日照りが続けば渇水になって下流は水不足で困ることになります。森林があるということは、土を良くして水を浸透させ、川の水量を一定化して洪水・渇水を防ぐことになるわけです。また水が土の中をゆっくり移動する間に、濾過されてきれいになることも見逃せません。これらが、森林の水源涵養と呼ばれる働きです。中国の古いことわざにいわく「飲水思源」。

森林の水源涵養というと、森林がどんどん水をつくると思っている人が多いのですが、これは誤り。水は森林自体の生活にも使われ、地中から吸い上げられて、樹木の体内を通して葉から空中に蒸散されているからです。この蒸散量はかなり多く、降水量に換算すると年間数百ミリに相当するほどですから、いま森林と裸地に同じだけ雨が降ったとしたら、それぞれから流れ出す水の量は蒸散の無い裸地の方が多い勘定です。しかし、わが国のように、年降水量は多いが、それが季節によって偏りがあり、水源から海まで近い上に、川が急流で降水がすぐに海に出てしまうところでは、出てくる水の絶対量よりも、川の流量をいつも保って水が有効に利用できることが重要です。だからこそ「緑のダム」といわれる森林の働きが大切なのです。

ところで、土に浸透せずに地表面を流れる水は、一緒に土を流し出します。土壌侵食です。優れた森林であれば、土によく水が滲み込み、その分だけ地表を流れる水は少なくなりますし、地表を覆う下草や落葉、樹木の幹などは障害物になって流れる水の勢いを弱めます。また、樹木の根は土の中に網の目のように張り巡らされ、杭のように食い込んで土や石を抱きかかえています。こうして森林は、土砂の流出を防ぎ、崩壊のきっかけをつくらないことにも貢献しています。

水源地というのは山であるのが普通です。しかし「そこに山がある」だけでなく、そこに優れた森があってこそ、水源の山の値打ちもあるわけです。樹あるを以て貴いのです。君子の徳の優れていることをいう「山高く水長し」、水源涵養をいい得てむべなるかな。

しずかなること林の如し——風林火山

代々モミの大木が茂っていた土地、それが東京・代々木の名のいわれとか。この地に明治神宮ご造営の折、日本全国から献木を募り、三七五樹種一〇万本が内苑四六ヘクタールに植栽されました。気候風土に適った郷土樹種で構成、完成後は天然更新により維持し、神宮らしい荘重な林にするといった百年以上の長期展望の造成計画のもとに大正四年着工、同九年完工。その後、東京の街の発展に伴って、周囲の新宿や渋谷、原宿などは繁華街と化し、交通網も発達して、神宮の周囲は都市騒音でいっぱいです。しかし、俗に一七万本の樹木が生育するといわれる内苑内部は、今はカシ類、シイ類、クスノキなどの照葉樹を主とする林で、静かで落ち着いた雰囲気をただよわせ、その森厳なたたずまいは参拝する人々に思わず襟を正させます。

明治神宮の森の静けさを、その外回りと比べてみましょう。一九七〇年の、当時千葉大学の本多侔先生の調査例があります。神宮の森のすぐ外側は鉄道や高速道路、その騒音七〇〜八〇ホンに対して内苑中央部は四〇〜四五ホンと約半分でした。深夜、といっても大都会の深夜は夜明け前のようですが、夜中の二時から朝六時には外部もさすがに六〇ホン以下、内苑中央でも相対的に下がって三〇ホン台。内部の音量低下は外部ほど急激でなく、むしろ内苑中央では昼も夜も静かだといえるのです。

森林が騒音を防ぐ効果は、樹木の枝葉が音波のエネルギーを奪う、つまり森林が孔の多い壁となって音を吸収すること、森林があることによって騒音源からの距離が遠くなること、によっています。三〇メートル幅の林帯で二〇〜二七ホンは騒音が減るとのことです。もっとも、音源から遠ざかることによる自然の減少を差し引くと、三〇メートル幅の林帯で実際に減る音量は一〇ホン程度と考えられています。しかし、一〇ホンの減少は騒音半減と感じるそうですから、森林の騒音を防ぐ効果は小さくはありません。

樹高高く、樹木が密生し、下層の低木層も発達して、可能な限り枝葉が垂直的に連なって壁をつくっている林で騒音を防ぐ効果は大きいといえるようです。なお、葉が着いている季節なら、樹種による差はそんなに無さそうです。

こんな物理的な効果だけではありません。それは樹林や並木などが、緑のカーテンになって騒音源を隠してくれるという心理的な効果です。音を消したテレビでも、車の溢れる街角の画面からはブレーキの軋みやクラクションが、また離陸するジェット機の映像からは耳をつんざくエンジンの轟音を感じます。その逆に、緑が騒音源を視野から遮ると、騒音量は同じでも心に感じる音量は和らぎます。また、騒音があまり大きくないときは、樹木の葉が風にそよぐ音、梢にさえずる鳥の声など、快い音色が不快な騒音を打ち消してくれる、マスク効果もあります。心理的といえば、音のおかげで余計に静かに感じることもあります。山の中にカサッと枯れ葉が一枚落ちるとき、静かですね。「鳥啼いて山さらに幽《しずか》なり」の言葉もあります。

さて、武田信玄の旗印、風林火山。其疾如風　其徐如林　侵掠如火　不動如山（孫子）。其の疾きこと風の如く其の徐かなること林の如し、侵掠すること火の如く動かざること山の如し。虚をついて出撃するときは疾風のように速く、不利とみて待機するときは林のようにしずか。「徐か」は動きがしずかということですが、そこに音の「静か」も含まれて当然でしょう。

疾きことにたとえられた風。その風を森林が障害物になって和らげる働きは、屋敷や畑の周りあるいは海岸の防風林などでよく知られています。冬、乾燥する地方で畑の土が強風に舞い上がるのを防ぎ、また強風によってより乾燥するのを防ぐのにも防風林は貢献します。先人たちの遺産である防風林を無定見に潰し、その後砂塵の害に悔やむ話はよく聞きます。樹高が高い数列程度の樹林帯で、風の四割は通過させるような林で、防風効果は最大だといいます。衝立のように風をしっかり食い止めてしまうと、風下で渦巻が起こり、かえって風害が起こるからです。都会のビル風がこれです。風速を弱めることは、砂や土が飛ぶのを抑え、海岸の潮風が内陸に吹き込むのを防ぎ、また吹雪を弱めて林内に雪を積もらせて、背後の建物や鉄道・道路の積雪を少なくする働きでもあるのです。

侵掠にたとえられた火、その延焼を防ぐ能力を樹木や樹林は持っています。木は燃えるもの、とつい思いますが、生きた木は水をたくさん含んでいます。生の葉の重量の三分の二は水ですから、並木や生け垣は水の壁のようなもの、したがって、人々は昔から、屋敷周りに防火林を設けてきました。都市大火の時に、樹林地が延焼を食い止めた例も多く知られています。平成七年一月の阪神大震災でも、その実例がいくつもありました。ということは、都市内の樹林地は、非常時に避難者の逃げ込み先になるという重要な意味を持っています。関東大震災以来の調査から、避難地の理想像は、周囲に防火性のある樹木の樹林帯を持ち、円または正方形に近い一〇万平方メートル以上の土地で、内部に池があるとなおよろしい、と描かれています。問題は、それの実現にどれほどの努力がなされてきたか、なのですが。

そして、動かざるものとしての山。昔から泰然自若とした堂々たる様は、山にたとえられてきました。山、それは森があってこそ、いわずもがなです。

山紫水明

山あいの伐り株、何十年も経ったものらしく、樹皮は禿げ、伐り口もまっ黒、でも鉈で削ってみるとどうでしょう、白い木肌が現われ、鼻を近付けるとプンとヒノキの香り。法隆寺のヒノキ材も、表面は古びていても、ちょっと削れば白い肌に特有の香りを放つといいます。一四〇〇年前の香りとでもいいましょうか。

お香、その材料には樹木が多く、沈香（伽羅）は熱帯産ヂンチョウゲ、檀香は東インドやオーストラリア原産のビャクダン、香木の代表選手です。これらの香木は焚かなくとも生体でもよく香ります。このビャクダンは「双葉より芳し」のセンダンのこと。わが国でいう薄紫の花のセンダンは別物、古名は樗《オウチ》、晒し首が懸けられた木で、香りはありません。

爪楊枝のクロモジ、樟脳のクスノキなど、独特の香りを持つ木はたくさんありますが、木々から発散される清々しい香りの正体の化学成分をフィトンチッドといいます。それは主としてテルペン系の化学物質ですが、フィトンは植物、チッドは殺す、の意味で、それには植物が自分自身を守るための殺菌殺虫作用があります。それらの作用は、もちろんすべての樹木に共通ではなく、樹種によって違います。テルペンは二千種余りも知られていますが、樹種によってその組合せと量とが違うからです。人々は昔からそれらを食料保存などに応用してきました。ちまき、かしわ餅、さくら餅、ほう葉巻、弁当の竹の皮など、植物の葉が食べ物の包みとして使われ、寿司に葉蘭やササの、お萩や赤飯にはナンテンの葉が添えられました。ナンテンの名の由来は、腐りやすい小豆物の食あたりの難を転ずるということからきているといいます。その他、駆虫、鎮痛、鎮静、利尿、去痰などの薬品として、植物の化学成分は広く利用されてきましたし、今も開発が進められています。

さて、この化学物質が森林から立ち昇るのが、時には青いもやとなって目に映ります。特殊写真にも捉えられていますが、緑の山々が青くかすんで見えるのは誰しも経験するところです。地球上には、森林の多い地域からのブルーヘイズ（青いもや）と、砂漠地帯から発するブラウンヘイズ（褐色のもや）があるといいます。世界最初の宇宙飛行士ガガーリンは、「地球は青かった」の名文句を残しましたが、彼の目にはブルーヘイズが映じたもののようです。

青いもやを生むのが「青山」。中国の詩歌によく登場します。「人間至る所青山あり」の青山は墓地の意味ですが、骨を埋めるのはやはり緑豊かな青い山が理想でしょう。ちなみに、青と緑、ブルーとグリーンはしばしば同義語です。交通信号は青か緑か、緑のマツを青松。世界のあちこちにブルーマウンテンがあります。オーストラリアのユーカリ林にも、「水と木の国」を意味するジャマイカにも。ここではコーヒーの銘柄にまでなっています。

東京の青山墓地はまさに中国の用途どおりの別格として、わが国でも緑の山に青山はよく使われます。終戦直後の青春物語「青い山脈」。加えて次の句。

分け入っても分け入っても青い山　　山頭火

それに、さらにぴったりの表現の色がありました。紫です。

山紫水明。山はもちろん岩山でもなければ禿げ山でもありません。遠くに見える緑の山からのブルーヘイズが、わが国のように空中湿度が高いところでは、山々をぼうっとかすませて、紫に見えるのです。枕草子「山際すこしあかりて紫立ちたる雲の……」。古く、紫は高貴な色でした。紫に見える森に覆われた山々から流れ出る水は、美しく清らかです。森がなす山肌の紫が清らかな水に落す影が映えて、山紫水明、清くうるわしい山水の風光を端的に表した見事な言葉です。その風景をつくり出す森林を、紫で表現した昔の人々の鋭く繊細な感覚には脱帽です。

山と水は、日本の代表的風景です。そしてそれは日本人のもっとも好む風景であるようです。床の間の掛軸に、正月こそ日の出や松と鶴が幅をきかせますが、山水はオールシーズン、代表的テーマです。かつて一般市民の方々に「好きな景色」のアンケート調査をしたことがありますが、

「山の眺望」と「渓谷の美」はともに人気高く、総合的にみて、山と河川湖沼などの組み合わせ、まさに山水の美、山紫水明の人気は圧倒的でした。中国へ行ったとき、夜店の骨董屋さんは、こちらを日本人とみてか「山水、サンスイ」と掛軸をうるさく薦めてくれました。結局、薄く削いだ竹材の表装の面白さに引かれて、山水一幅求めましたが。

わが国の風景地を選抜した国立公園二七か所の代表的風景を、わが国の代表的洋画家七八人が描いた作品を、先輩の故水田輝弥氏が解析してくれた結果があります。七八作品の八六%に樹木や森林が、また六五%に水が描かれていました。もっとも、最大のものは空で九四%でしたが。しかし、画面の中に占める面積比率は、全作品を通じて森林が最高で二七%、続いて空二三%、水一八%でした。また、日本画の泰斗東山魁夷画伯の戦後の六七作品の同様の解析では、その八四%の作品に森林や樹木、四八%に水が登場し、画面の中の面積率では森林四六%、水一七%に及んだのでした。

国立公園洋画（78点）と東山魁夷作品（67点）の内容解析

（出現頻度，占有面積率ともに%）

	空	山	**樹**	草	畑	**水**	岩	他	計
国立公園洋画									
出現頻度	94	56	**86**	26	14	**65**	23	22	
占有面積率	23	11	**27**	6	3	**18**	6	6	100
東山魁夷作品									
出現頻度	51	4	**84**	25	4	**48**	12	36	
占有面積率	11	＋	**46**	7	2	**17**	2	15	100

人、木に寄るを「休」という

中国の古い書物、そしてそれを引用した平安時代の造園書に「門の正面に木を植えてはいけない」とか「木を口形の中に植えてはいけない」とかあるそうです。それぞれ、閑、困という字になって縁起よろしからぬ故で、判じ物みたいな禁忌です。漢字という表意文字は、ちょっとした頭の体操のようで、なかなか良くできています。木が二つで林、三つで森、木と土で杜。立ち木のかげからそっと見ているのが親。そして、人と木で「休」。

休むとは、体を休めることも、心を休めることもあり、休むのに樹木はまことにふさわしいものです。たとえば熱帯地方のちょっとした街角には、樹木が大きく枝を張り強い日差しがさえぎられた風通しの良いコーナーが見られ、そこに飲物や果物の屋台店があったりして、まことに格好な休息場所、人々はここでほっと一息ついて「休」むのです。欧米の街でもこんなコーナーはよく見かけます。ところがわが国には、かつてはあったこうした場所が無くなってしまいました。都市化に伴って街の中の大木も数少なくなり、日本人は木陰の楽しさを忘れ、休むのはもっぱら

薄暗い冷房完備の喫茶店。この方が能率主義になった日本人の好みに適っているのでしょうか。でも、その喫茶店にも鉢植えの樹木があり、まんざら「休」を忘れているわけでもなさそうです。もっともその鉢植えも、貸鉢業者が定期的に取り換え、養生し直すものなのですが。

休日には、都市から郊外へ、さらに遠い山や保養地への人の流れがあります。休養のため、健康のため、緑を求めてです。緑といえばその主役は、木、林、森。「休」の文字通りです。森の中の保健休養、その中を歩いたり、遊んだり、キノコを採ったり、といった具合に森林がレクリエーションの場所として好適であることは、今や誰もが認めるところとなりました。

毎日毎日を、秩序と統制の下の社会で働き生活している現代人には、それが原因で生じるストレスは大きなものです。その解消のために人々はレクリエーションを求めます。レクリエーションは、休養、気晴らし、娯楽を意味しますが、改造、再創造を意味するリクリエーションと同じ綴りの英語ですから、「心身を快適にして明日の活力を取り戻すこと」と解釈できます。したがってそれは、人に強制されたり義務が伴ったりせず、自発的で無形式なほど効果的なはずです。日常の秩序と統制によるストレスを解消したいのですから。

屋内屋外を問わず、競技や勝負事、組織的な活動などは、それぞれのルールの上に成り立ち、形式的で、秩序が支配します。そこへいくと、森の散策やキャンプ、山菜採りや渓流釣りなどは多分に非形式で自発的、つまり自由度と純度の高いレクリエーションといえます。木漏れ日の森の中でぼんやり時を過ごすなんていうのは、その最たるものかも知れません。気楽な服装で森の小路をぶらつく、伐り株に腰を降ろす、草むらに寝そべる、気のあった仲間と気楽なおしゃべり、大口あいておにぎりを頬張る、そんな自由で気ままなことこそ純度の高いレクリエーションなのです。休日のごろ寝やジョギングに人気があるのも、その純度の高さゆえではないでしょうか。

そんなレクリエーションのためには、森は美しく、親しみやすい姿でないといけません。汚く嫌な森にわざわざ行く人はいないからです。それに、森の空気は清くさわやかでなければなりません。そして、その空気に身体に良い成分が含まれているとしたら、これは申し分ありません。

森には一種独特の匂いがあります。枯れ葉、土、花などの匂いに加えて、木々が発散する清々しいフィトンチッドの香り（『山紫水明』）です。その成分を持つ森の空気を身体に浴び、呼吸することが健康に良いと注目されるようになりました。とくに神経系、循環器系、呼吸器系などに良いといわれ、以前からロシアやヨーロッパでは治療保健に森林療法が用いられてきました。

わが国でも、明治時代に来日したドイツ人医師ベルツがこれを推奨して、草津温泉で森林療法を試みています。最近よく耳にする「森林浴」は、昭和五十年ころから使われ始めた言葉で、身体に良い空気を浴び、呼吸しながら森に遊んでリフレッシュすることを意味するものです。

森に遊ぶのですから、森林浴は純粋で気ままなことがコツです。特別な森林浴用の森ということはありません。近所の裏山、雑木林、樹木の多い公園、どこでもOK。近頃よく見かける森林浴ノウハウ本に載っているのは、有名な場所で、歩道も整備され、売店や休憩所があり、時には子供の遊具まであるもの、つまり利用者の多いところ、と考えてよいでしょう。ノウハウ本にあるように、背筋を伸ばして歩き、大きな木の下では深呼吸、などと堅苦しく考えることもありません。雨なら止めましょう、疲れたら休みましょう、行程が無理と思えば近道して帰りましょう。自由に気ままに、自発的に非形式に、それが森林浴の本質なのですから。ただし、足拵えだけはしっかりと。これは自分の身を守る最低の必要条件、そして森に対する最低限の礼儀です。

森の空気の薬効だけに注目し、森の空気を圧縮して街へ運び、あるいは成分を合成して吸わせるとしたら、それは森林浴ではありません。楽しい気分で森に入り、悠然とした気を養い、緑の山々を眺め、だれはばかることなく緊張をとく、そんな状態であってこそ森林浴、森の空気の効能もよく効いてくれるというものです。

森へ行きましょう、緑の森へ、気楽に気ままに。休という字が人と木からできているように、英語の forest（森林）も、for rest（休息のために）がくっついてできています。

面壁九年

森林の空気の化学成分、フィトンチッドの話をもう一度。フィトンは植物、チッドは殺す、の意味でした。このような樹木から発散される物質は、空気中に一〇億分の一くらい含まれているだけなのですが、こうした化学物質を身体に浴び、呼吸することが人々の健康に良いと注目を浴びたのが「森林浴」でした。

フィトンチッドの、とくに精神安定への効果は、合成薬品では得ることのできない一種独特なものを持っているような気がします。確かに、精神が安定状態にあると、刺激に対する人間の反射反応は速くなるといいます。たとえば、林内とそれと同じ気象・明るさの人工気象室内とで比べると、林内の方が人々の安らぎや香りに対する感覚が鋭く、その証拠に光に対する瞳孔の反応は速かったということです。人間ばかりではありません。実験用のネズミも、木屑や木の葉を入れた飼育箱の中で飼ったものは、電気的な刺激を与えたときに刺激のないところへ避難する反応は速かったそうです。

木々からの発散物質は、気温や湿度・風速などが違えばその濃度も違い、たとえば晴天のときや新緑の時期などには増え、針葉樹林で多くなる傾向があるといいます。しかし、森林浴の効果は発散物質によるものだけでなく、森の中の静けさや清浄な空気、快適な安らいだ雰囲気、それに歩くという適度の運動も含んださまざまな作用の総合です。

森林が人々に与えるこうした効果は、ギスギスしがちな現代社会のなかで、ともすれば見失いそうになる自分自身と人間性をとり戻し、精神を安定させ、情操を育てるのに大いに役立っています。中でも物を考える場合に、安定した精神状態は欠くことのできないものといえましょう。古来、森林や樹木が、思索の場として役立ってきたことは、いまさらいうまでもありません。

ギリシャの哲人達は、いつもプラタナスの木陰で思索に耽っておりました。プラタナス（スズカケノキ）はヒポクラテスの木の別名を持っています。ゲーテやヴェートーベンも、森の中で想いを巡らせ構想を練りました。お釈迦様は菩提樹《ぼだいじゅ》の下で悟りを開きました。孔子様は楷《かい》の木が好きで、この木の下で弟子たちに道を説きました。わが国の各地の孔子廟にも、中国から持ち込んだ楷の木が植えてあり、その同好会もあると聞いています。中国三世紀の晋代に七人の賢者が、世俗を超越して清談（論理的哲学的な談義）に耽った場所は竹林でした。

宗教教理が完熟するのに、深い森に包まれた比叡、高野、羽黒、大峯などの山々はこの上ない場所でした。秀吉の軍師竹中半兵衛は林の中の閑居から招かれました。徳富蘆花や国木田独歩が、愛し散策したのは武蔵野の雑木林で、それは優れた文学と思想を生みました。

ところで失敗した人もいました。禅宗の祖、達磨《だるま》大師です。達磨さんは壁に向かって座禅を続けること九年にして悟りの境地に達しますが、座り続けのため足の機能を失ってしまったとか。面壁九年です。もし座禅が森の中だったなら四年くらいで悟れたかも知れないのに。でもそれはできない相談？　何故って、達磨大師のいたお寺、その名は少林寺でした。

森林は人間の心に訴えかけるものを持っています。森林の存在やその状態が、人間の諸々の感覚に好ましく訴えられるとき、人間にとっての快適性が生まれます。森林を捉える人間の感覚は、風景的な美しさを捉える視覚が主でしょうが、鳥の声、風の渡る音、虫の音、せせらぎなどは聴覚に、草木やその花、枯れ葉や土の匂いは臭覚に、木肌のぬくもり、空気の湿り気、清冽な水などは触覚に、山菜、茸、木の実、冷たい水などは味覚にと、森林は人間の五感すべてに訴えかけます。さらに、詩趣や画趣といった言葉で表現されるような精神的な美しさも森林は持っています。古くから森林が絵画・音楽・文学等の芸術の材料として

とり上げられてきた例は、枚挙に暇がありません。これらの要素は、当然その森林を構成する樹種やその森林の構造などによって異なり、それぞれに特徴があります。そして、それらの総合あるいは一部として快適性が生まれます。

森林がつくる風景は、それ自体で十分美しくはありますが、多様な森林の様相がそれぞれ特徴ある風景をつくり、草原・農地・水面・岩石・構造物などと結び付き、また前景・背景・添景としても優れた風景を描き出します。四季折々に美しい森林風景ですが、一般に日本人は春と秋の景色を好み、人工的景観よりも自然景観に近いものを好む傾向があります。また、森林の風景や巨樹の姿は、そこの風土に風格を与えます。「杜の都」というだけで、その街の貫禄が違います。

さて、人々の森林に対する好ましい感覚を生かしたものが「森林浴」であり、保養や行楽・娯楽・スポーツの場所としての森林の利用です。余暇活動・レクリエーションと森林の問題は今注目を集めています。さらに、生物の集団としての森林は、他人から与えられる知識を頭に入れることだけが「勉強」となりがちの今日の子供たちにとって、直接自分の手で確かめられる格好の教育の場と材料であるといえます。それは子供たちだけでなく、一般の中高年の趣味的知識欲を満足させるのにも適しているようで、森林教室などの公募で、いつもその受講生のなかで中高年齢層が高い割合を占めていることが、それを物語っています。

一富士二鷹三なすび

白い浜辺の松原に波が寄せたり返したり
　天の羽衣ひらひらと天女の舞いの美しさ
　　いつかかすみに包まれて空にほんのり富士の山

こんな唱歌がありました。三保の松原、羽衣伝説、いうまでもなく、水浴びする天女の、マツの枝に脱ぎ掛けた羽衣を見つけた漁師がこれを奪う、天に帰れないと嘆き悲しむ天女を哀れみ、舞って見せることを条件に羽衣を返し、天女は舞いながら天に戻る、という物語。

類似の羽衣伝説は日本の各地にあり、羽衣を奪って隠すのは共通して漁師。しかし、類似の物語のほとんどが、天に帰れない天女に漁師が迫って、しばらくは夫婦関係を結ぶのですが、ここ三保の松原が舞台の話に限って、漁師はそのようには迫らず、羽衣を返します。ただし、

漁師「羽衣を返してやるから舞いを見せろ」
天女「羽衣がないと舞えないから、まず返してくだされ」
漁師「返せば舞わずに逃げてしまう」

天女「偽りは人間にあり、天に偽りなきものを」

といったやりとりがあって、漁師は恥じて羽衣を返すのです。口さがない江戸の川柳子は、これを「天人に舞えとは堅いゆすりよう（俳風柳多留）」とからかいますが、ありがちな男女の話を、清い美しい話として伝え、「羽衣」という謡曲の名曲として昇華できたのは、典型的な白砂青松の舞台装置と、日本一の富士の霊峰という背景があったればこそ、ではないでしょうか。生臭い話にはならないし、またそうはしたくなかったのです。

ご存じの三保の松原。静岡県清水市三保、すぼめた鳥の足のような形の砂嘴《さし》の、太平洋に面する東側海岸に連なるクロマツ林、その延長約六キロメートル。一万年ばかり前から、海岸の崖が侵食されて生まれた土砂や、西方に河口を持つ安部川が吐き出す内陸からの土砂が堆積して次第に砂嘴を成長させ、今の三保半島になったといいます。半島内で発掘された六世紀の遺跡の遺物は、一・五メートルの砂の堆積の下にあり、これから推定すると、砂の堆積速度は一〇年間に一センチにもなります。発達した砂嘴は、天然の防波堤となってその内側に天然の良港、清水港を生みました。すでに大化の改新（六四五年）頃に港はあったとのことです。

この三保半島にクロマツ林が成立したのはいつの頃でしょうか。万葉集に、

廬原《いほはら》の清見の崎の見穂（三保）の浦の　豊けき見つつ物思いもなし　田口益人

とあり、マツの文字はないものの、三保の景色に心がかかりが晴れるという意味からして、万葉の昔にすでに心を和ませる美しい三保の景色があったことがわかります。美しい景色が、無機的な白い砂嘴だけであるはずはなく、そこには必ず青松があったに違いないからです。

景勝ばかりではありません。この三保の松原は地域の生活や産業を支えてきました。そもそも海岸というところは、風あり、波あり、潮あり、そして土地は瘠せた、自然環境の厳しいところです。三保半島も御多分にもれずこれらの条件が揃っていて、農業生産は少なく、人々の生活は苦しかったと思われます。たとえば、江戸時代一六五九年から一六九九年の四一年間に大暴風に襲われること一三回、そのたびに農地の多くが波に洗われ、砂に埋まったと伝えられています。

しかし、この三保半島にも特産物がありました。入江町慈雲寺の長泉和尚が、一七七〇年代にその出生地の豊後の国（大分県）から取り寄せたサツマイモは、三保の砂地にもよく適って、半島全域に広まりましたし、また三保のナスは早期出荷で有名で、毎年旧暦四月には初ナスを徳川将軍に献上する慣わしであったとのことです。

「一富士、二鷹、三なすび」めでたい初夢。富士と鷹とは何となく判るものの、ナスビはちょっと異質。これは実は徳川家康の、愛する駿河の国に寄せる想いを背景に、彼の好物、富士山、タカ狩りと並んで大好きなナス、を挙げたものだといいます。そして、この「なすび」が早出しの三保のナスだったのです。

孝行をなすび、するがの富士のねに　その名も高き三保の松原　鳩谷三志

比較的近年に至って、三保半島では温室栽培が盛んになります。大正五年、薪が燃料の温湯式温室がつくられたのを最初として、三保半島には全国に先駆けて温室野菜農業が普及します。

三保半島は、厳しい自然条件のところです。もし海岸線にマツ林がなかったら、サツマイモもナスも、そして温室栽培も成功はおぼつかなかったでしょう。吹きつける潮風、堆積する砂、不安定な地盤を越えて来襲する高潮が、その成功を妨げたに違いないからです。また、住居や集落も松原に守られて、現在の市街地を成すまでに至りました。三保の松原は、潮害防備保安林に指定されています。

潮害防備保安林というのは、津波や高潮の時、幹が波の勢いを制して被害を防ぎ、また、枝葉が海水の細かい飛沫を捕らえ、風を和らげて内陸部に塩害の及ぶのを防ぐ保安林のことです。それが、風のエネルギーを抑えて風速を和らげる防風効果を期待する防風林、そしてまた海岸の砂地を覆って砂が飛ぶのを妨げ、また飛び来る砂を遮断する飛砂防備林の働きを兼ね、その背後内陸部の農地や生活環境を守るものであることはいうまでもありません。景観、観光、産業、生活。三保半島は松原あってこそなのです。

（参考　鈴木繁三「わが郷土　清水」一九七九）

目には青葉　山ほとゝぎす　初鰹

桐一葉落ちて天下の秋を知る

「若葉の美しい季節になりました」。というように、われわれは天候や寒暖、そしてそれを反映した生物の反応で、日常の挨拶をはじめます。「もう梅が咲いて」といえば寒さもようやく和らぐ頃の、「紅葉が見ごろ」といえば朝夕の冷え込みが厳しくなる頃の季節の挨拶です。

花鳥風月。まさに四季折々の自然の贈り物ですが、その受け手にそれを感じるだけの感受性がなければ、猫に小判。日本人はそのすばらしい感覚を豊かに持ち、長い歴史の間にそれに磨きをかけてきました。自然や生き物の四季折々の姿に対する感情の表現がもし無かったとしたら、日本文化は何とも味気ないものだったに違いありません。日本人は、豊かな情感を季節に託し、それをとうとう僅か一七個の表音文字で表すことまでやってしまったのでした。俳句は、世界最短の詩であるのに、季語が必要というルールを持っています。日本人の優れた感受性の表れです。

季語の材料として、生き物とその現象が多いことはいうまでもありません。

目には青葉　山ほととぎす　初鰹　　素堂

目に爽やかな青葉、耳に快いホトトギスの声、舌に嬉しいカツオの味、まさに全身で感じる初夏です。そして匂いも。カツオの匂い？　いえいえ、若葉は薫ると表現するではありませんか。

生物の季節現象は、決して勝手気ままに起こっているわけではありません。たとえば花が咲く、紅葉が始まるなどの現象には、気候との関係によって一定のきまりがあります。

一年周期のリズムで反復される気候は、生き物たちの生活にも一年周期のリズムを与えます。植物が発芽する、葉を開く、花が咲く、紅葉する、落葉する、動物が生まれる、変態する、鳥が渡るなどの現象は一年の中でほぼ時期が決まっていますから、われわれはそれらの身近な生物現象によって、季節を感じることができます。人々は古くからそれを知っていて、農作業など実際面で役立ててきました。

鶯の初音は今日と我が言へば　君は昨日といふぞ口惜しき

これは、良寛さまが親友の阿部定珍にあてた歌、ちょっと大げさにいえば生物季節の論争です。

生物の季節ごとの現象を研究する学問を、生物季節学（フェノロジー）といいます。この研究の基礎は、何といっても気候に対応した生物の現象を長期間記録することですが、公的な観測は測候所など気象官署を中心に永年続けられています。その全国的な観測項目として、ウメ・タンポポ・ソメイヨシノ・ヤマツツジ・ノダフジ・サルスベリ・ススキの開花日、ソメイヨシノの満開日、イチョウの黄葉日、イロハカエデの紅葉日、ウグイス・アブラゼミ・モズの初鳴日、ツバメ・モンシロチョウ・ホタルの初見日などがあり、永年の観測結果からその日付けの平年値が公表されています。中でも、毎年春先の「サクラ前線」はもっとも有名で、おなじみでしょう。もちろんこの他にも、地域それぞれの特徴ある生物が観測の対象になり、農業や予防医学に役立てられています。テレビの気象報道の時間にも、生物の季節現象の話題はよく登場します。

「一葉落ちて天下の秋を知る（淮《え》南子《なんじ》）」。キリの大きな葉が一枚カサリと落ちる様子から秋を知るとは、まさに植物季節学そのものです。

　さまざまな生物の季節現象の中でも、動かない植物が示す季節現象は、その土地に固定されたものであり、また直接目にふれるものであるだけにわかりやすく、人々に親しみを感じさせます。樹木や森林は、その土地で毎年繰り返される季節の変化を如実に表現してくれるのです。


　生物に対する一年周期の環境条件としては、気温と日の長さがもっとも考えやすいものです。生物が、低温・高温・乾燥などのような生育条件の悪い時期に、生長や活動を一時休止する現象を休眠といいますが、休眠に入ったりそれから覚めたりするのに、温度や日長が大いに関係し、それが生物季節を生むわけです。気温（場合によっては地温や水温）は、生物の活動に影響する基本的な環境条件です。ある生物の正常な生育や生殖のために、ある一定の熱量が必要と考えられたのは十八世紀のことですが、毎日の気温の、その生物に固有なある一定値を越える分を合計していく日積算温度が、この検討のためによく用いられます。

松本市の東方、美ヶ原（『風の吹くまま…』）の西斜面のカラマツの春の芽吹きは、限界の一定値を二℃とした積算温度一〇一℃・日、二℃以上の日が二七日で開葉が始まり、それに積算温度二二六℃・日、二五日を加えて開葉を終えますが、それは標高が違ってもほとんど同じでした。そして、山麓から山頂へと開葉が登っていく速度は、標高一〇〇メートル登るのに平均二・九日でした。一方、カラマツの秋の黄葉は山頂から始まり山麓へ降りてきますが、黄葉するには八℃以下になる日二日を含んで日平均気温一一℃以下の日が一三日は必要で、黄葉の降りてくる速度は標高一〇〇メートルにつき三・一日でした。以上は一一年間の観測の平均値ですが、この間にあった春の異常低温の年も傾向は同じで、開葉開始日・開葉完了日の日付がずれるだけでした。

こんな風に生物季節を科学的に解析するのは、人間の夢を壊すことにならないか心配です。科学は人間の感情を味気なくしてしまわないでしょうか。月に着陸はできたが、そこに兎はいなかったように……。積算温度を振り回すことは、美人の条件を鼻の高さが何センチ、目と目の間隔何センチ、とやっているようなものではないでしょうか。やはり、情感の世界はそのままであるべきかも知れません。最後に良寛さまの辞世と伝えられるものを。

形見とてなにか遺さむ春は花　夏ほととぎす秋はもみじ葉

梅は咲いたか桜はまだかいな

生物季節は数々あれど、何といってもその筆頭は、毎年春先のニュース「サクラの開花予想」。永年の観測結果に基づいてその年の気象を分析推定し、全国に普遍的なソメイヨシノについて、気象庁が発表するものですが、日本人に人気抜群のサクラを扱う点で、数ある生物季節現象の中でももっとも著名です。サクラ前線は、三月下旬に九州南部、三月末には関東から太平洋岸沿いに四国、瀬戸内を抜けて山陰西部をつなぐ線、四月中旬本州内陸と東北地方中北部に達し、四月末に津軽海峡を越え、五月中旬には北海道中部へと北上します。

このような開花、開葉などの現象が起こるためには、それに先立つ気象条件が大いに関与しているのは当然ですが、それは前年の夏にまで及んでいます。というのは、開花や開葉の元になる冬芽は前年の夏に形成されるからなのです。これには夏の日の長さとその時期の気温が影響します。そして、形成された冬芽は休眠に入るのですが、この休眠中に然るべき低温条件が満足されないと、芽は開きません。たとえば、カラマツの場合、長野県では八月下旬に冬芽ができ、それ以降休眠に入っていますが、この休眠は七℃以下の低温が一六〇〇から一九〇〇時間あってはじめて解除されるとのことです。そしてその後は、前の『桐一葉…』で挙げたような積算温度の条件が整ってはじめて葉が開いたり、花が咲いたりするのです。

葉になる芽、花になる芽いずれも同じことで、前の年の夏の間にできあがり、寒い冬は休眠して過ごし、この間に寒さのおかげで開く準備を整えるわけです。このことは、秋から冬の間にひょっとして暖かい日が続いても、間違って芽を開かない安全装置のようなものといえます。うまく休眠に入れず、秋から冬の異例の暖かさで花を開いてしまうのが、狂い咲きです。

低温条件も、ある一定の限界値以下の低温積算値やその日数がものをいうようですが、この条件は当然温暖な地方ほど満たされにくいはずです。その条件が満たされなければ、花や葉が開かないのですから、そこではその樹種は分布できないことになります。

三重大学の永田洋博士によると、ウメとサクラ（ソメイヨシノ）とでは、ウメの方が休眠の解除されるための低温条件が緩やかとのこと。したがって、暖地ほどウメが早くから咲き始めることになります。ウメを追いかけるようにして、サクラも暖地から寒地へと順次咲いていくのですが、ウメとサクラの平年の開花日は、種子島ではそれぞれ一月十八日と三月二十七日、鹿児島で一月二十三日と三月三十一日と、開花日の間隔が七〇日にもなるのに、その間隔は東京で五五日、名古屋で四七日、仙台三九日、宇都宮三七日、新潟二一日、青森三日とだんだん小さくなり、札幌では〇日、すなわち同時（五月六日）に開花するといいます。

「梅は咲いたか、桜はまだかいな」。万葉集にも、

　梅の花咲きて散りなば桜花　継ぎて咲くべくなりにてあらずや　　薬師張氏福子

サクラよりウメが早く咲くのは日本人の常識、でもその常識はこんな理屈に裏付けられているわけで、同時に花を開く北海道では、これは常識にはならないという次第です。

春、花が咲くのには、それに先立つ寒さが必要なのでした。とすれば、今話題の地球温暖化が進めば、春早くからサクラが見られるなんて安易な考えは成り立たないわけです。何しろ冬が寒くならないのですから。

植物季節は、複雑な環境条件の上に成り立っています。その環境条件との関連性の解析はまだ未完成の段階ではありますが、温暖化という地球環境の変化が問題化している今日、環境変化を総合的に物語ってくれる植物を指標にして、環境の変化をモニタリング（継続監視）するという役割が、生物季節学に期待されています。

わが国の二七の大学が演習林という大学の森を持っています。その連合体である全国大学演習林協議会は、各大学の演習林が北海道から沖縄まで全国に配置されている利点を活かして、植物

季節の観測ネットワークを組み、平成五年から計画的な観測を開始しました。その基本は、長期間の地道な観測値の集積にあります。

サクラ前線（気象庁：1984 による）
サクラ（ソメイヨシノ）の平年の開花日.

ピンからキリまで

花札。正月マツ、二月ウメ、三月サクラ、四月フジ、五月カキツバタ（アヤメ）、六月ボタン、七月ハギ、八月ススキ（月）、九月キク、十月モミジ、十一月ヤナギ（雨）、十二月キリ、各四枚構成計四八枚のカード。オランダ渡来のウンスンカルタをモデルにしたとはいうものの、十二か月にそれぞれの季節を代表する植物を当てはめて、四季の変化豊かなわが国らしい工夫の産物です。もっとも、十一月と十二月はちょっと理解に苦しむところですが。それに、マツにツル、ウメにウグイス、ススキ（月）にカリ、モミジにシカと、うまく組みになる動物を配した点も見事です。悪い遊びに使われなければ、いかにも日本らしい優雅な遊び道具だったと思います。

マツは、たとえば『白砂青松』など、この本でもしばしば登場しました。神様が乗り移っている場所として、めでたいものの代表として、マツがトップの一月を飾るのも当然でしょう。二月のウメも順当なところ、なにしろウメは昔から人気があり、万葉集にはマツよりもたくさん登場するというのですから。そして三月のサクラとの人気争いがあり、このあたりの話は『東風吹かば…』でどうぞ。おっと、すぐ前の『梅は咲いたか…』も。ウメにウグイスも典型的な取り合せ。

鶯嬢というが如くウグイスは声の良さでは抜群。ところでお葬式のことを隠語で鶯というそうです。その心は「泣(鳴)きながら埋め(ウメ)に行く」。

五月のカキツバタ（杜若）あるいはアヤメ（菖蒲）、「いずれ菖蒲か杜若」ともにアヤメ科アヤメ属。なお、アヤメ属の学名がアイリスで、近頃はこの方が通りが良いようです。ところで、端午の節句に使うのはショウブであり、漢字はアヤメと同じ菖蒲でもこちらはサトイモ科。おまけに鑑賞用のハナショウブ（花菖蒲）があり、これはアヤメ科。園芸品種も多く、一通りの知識では「いずれ菖蒲か杜若」の交通整理は難しく、恥をカキツバタでも困ります。

　から衣きつつ馴れにしつましあれば　はるばるきぬるたびをしぞ思ふ

と、在原業平のように小才をきかせて、しゃれておく程度が無難なところかも知れません。

八月のススキ、ちょっと例がないシンプルですばらしいデザイン。下半分が黒い山型、上半分が空、それにカリが飛んだり、大きな月が出たり、これが何故ススキかとよくよく見れば、黒い山の中にススキが薄く描き込んであって感心ひとしお。なるほどススキの漢字は「薄」！

十月のモミジにシカも有名な図柄。シカがそっぽ向いているのが見事です。学校のいじめ問題が話題になり始めたころ、いじめの相手を無視して仲間はずれにする「シカトスル」という言葉を耳にしました。その語源が花札のシカにあり、シカの頭が横向きで「鹿頭する」だと聞きました。本当かどうか、何か子供の発想としてはでき過ぎのような気がいたしますが。

花札十二か月の、まず始まりにマツが来るのは、正月のことでもあり誰も異論はないでしょう。マツのことはラテン語でpinus、その系統を引いてスペイン語でpino、ポルトガル語でpinho、英語ではもちろんpine、つまりその音がピンなのです。そして一天地六の賽の目の一のことがピン。一方、花札の終わり十二月はキリ、だから初めから終わりまでのことを「ピンからキリまで」という、とはあんまり信用はできませんが、そう信じています。

ところで、マツがあり、ウメがあるのに、めでたいときにいつも出て来る三幅対、松竹梅のうちタケだけが花札にありません。何か不思議な気がします。松に鶴、梅に鶯、といったうまい動物がいなかったのでしょうか。いや、竹

に虎、とまではいかなくても、竹には雀がいたはずですが。

タケは東洋特産、木のような形になりますが、春に竹の子から二〇日間ほどであの大きさになり、後は伸びたり太ったりしません。植物分類上はイネの仲間で、草か木か区別が難しいところですが、中国では君子の植物、賢者の居場所だと尊重されてきました。

わが国代表は、物干竿サイズのマダケと筍を食べるモウソウチク。竹林の面積は、わが国の自生種であるマダケ林が圧倒的に多く、その竹材は古くからいろいろな用途に使われてきました。モウソウチクは中国から琉球を経て、一七三六年薩摩に入ったといいます。

さて、平安時代の産の「竹取物語」。かぐや姫は竹の中から生まれます。その中に姫がいるからには竹は太いものと、絵本にはモウソウチクが描かれますが、実はその頃にはモウソウチクはなかったわけで、とは野暮な解釈。また、明智光秀の最後は竹林の中。有名な場面で何度も映画やテレビになりますが、土民小栗栖の長兵衛が隠れているのは、映像の雰囲気としてそれにふさわしい、うっそうと茂った太いモウソウチク林の中、とすれば、日本に入って来る一五〇年も前のモウソウチク林が、光秀の三日天下の幕を閉じるのに立ち会っていることになります。長兵衛の構える竹槍は、これはマダケに違いないでしょうが。――モウソウチクが日本に入ったのはもっと古いという最近の見解あり。もしそうならば、この数行は削除、ということになります。

花札組から「鹿頭された」タケにちょっぴり肩入れして、話題を加えた次第。

蛙《きゃあろ》が鳴くんで雨ずらよ

蹴り上げた下駄の裏表で、雨か晴かを占うのはともかくとして、蟻が穴をふさぐと雨とか、猫が顔を洗うと雨とか、生き物の挙動で天気を判断するいい伝えはたくさんあります。「蛙が鳴くんで雨ずらよ」は、静岡のチャッキリ節の歌詞にまでなっています。これらのいい伝えには科学的にも十分根拠があるものも多くあります。生き物を環境の判断に使うことは、古くから実用されてきたことでした。

生物はそれを取り巻く環境に支配されて生活しています。したがって、ある生物がそこに生活していること自体やその生物の生育の状態は、その場所の環境の総合的影響の表れといえます。逆にいえば、その生物を見ればそこの環境が判断できるといえます。

その植物がそこに自生しているか否かが、その場所の環境を判定する目安になる植物のことを指標植物といいます。たとえば、アカマツ山を見れば、そこの土はそう肥えたものではなく、また乾燥しがちなところと判断できます。羊羹などに添える楊枝の匂いの良いクロモジの木は、それが生えているところの土が、崩れ落ちた土砂が堆積した谷筋などで、湿潤でかつ通気性もよいことを教えてくれます。樹木の幹に着くコケなどから空中湿度の状態もわかります。また、アメリカのバンクスマツのタネは、火災にあってはじけないと発芽しませんから、このマツが生育しているところは過去に山火事のあったことを指標しています。

またその植物の、形や生理的な性質が環境の力に応じて変化した量で、環境を評価する植物のことを植物計といいます。『風の吹くまま…』の旗型樹木はその見本ですし、植物の成長量から土地の善し悪しや気候との関係を知ることは、いつもされていることです。

こうした考え方は、古くから実際面に広く応用されてきました。土壌の肥沃度、土壌の水分状態、酸性度、石灰岩など特殊な土壌や鉱床の存在の判断、樹木の植栽適地、作物の豊凶、等々です。可憐な花が人気のスズランですが、実はウシには有毒で、これを知っている放牧のウシは食べません。したがって、スズランが一面に多い草地は、放牧が過ぎたところという判断もできます。ついでながら、奈良公園に多いアセビ、これは馬酔木と書くほど有毒で、シカが食べないから残されて、目につくわけです。

さて、生物を環境の指標にすることは、環境汚染の判断としても使うことができます。

生き物を使った環境汚染の診断は、昭和四十年代から注目されるようになりました。この時代は、全国的に環境汚染が問題化したときでしたが、その反動として人間の生活環境としての緑地、樹林地、都市林などに対する関心が急に高まり、植物が環境の悪化を教えてくれることにも注目されるようになったのでした。

大気、土壌、水の中で生きている生物は、それらの環境の条件が変われば、それに対する適応力や修復能力によって生命を維持しようとします。環境汚染は、生物(ヒトも含む)の適応力や修復能力の限界を超えるところに発生する問題です。したがって、時ならぬ開花や落葉、衰退が目立つ樹木、ある特定の生物がいなくなったり、あるいは激増したりといった現象は、われわれ人間に環境の変化を如実に教えてくれているわけなのです。

環境が急に悪化するとき、すでにわかっている個々の汚染物は、現在の発達した物理的・化学的機器で比較的容易かつ正確に測れます。しかし、慢性的なもの、いくつかの複合汚染物によるもの、また未知の原因による環境悪化などを知ることは無理です。それに、こうした機器による測定値は、いかに正確で、また瞬時に電光表示されるようなものであったとしても、それが人間をはじめとする生物に対してどんな意味を持つのかは、直接にはわかりません。しかし、生物を指標として使うときには、生物に対する総合的な環境悪化を直接読み取ることができます。

都市内およびその周辺や、汚染源を取り巻いて緑地や樹林地があれば、その植物は、広域的な慢性的かつ複合的な環境の悪化を知らせる見張り役になります。○○神社のケヤキの大木が今年は芽を吹きません、といったニュースがよくありますが、これはケヤキが枯れただけでなく、われわれに環境悪化を教えてくれている、すなわちそれは緑の警報機（いや警報木！）なのです。緑地や樹林地として日常の緑の提供者であり、同時に簡便で安価に環境の状態を知らせてくれるこのような植物の環境指標性は、都市にとって今後ますます重視され、重要な意味を持つものでしょう。とすれば、街の緑化として環境汚染に強い植物が使われるのはどうでしょう。指標性という意味からいえば、それは緑のペンキを塗り、造花で飾るのと同じことです。

もちろん、こうした生き物を使った環境の判断は曖昧なものです。それに、一般的には、環境変化に対して抵抗性の弱い植物、すなわち敏感なものほど指標として優れていることになりますが、環境汚染が激しすぎれば、その植物自体が枯れてしまいますから、それ以降の指標として使えないのは欠点です。しかし、身近で親しみやすく、誰でもその気になれば観察でき、環境の判断に使えるところに、その値打ちがあります。

都市の植物の場合、大気汚染に対する指標植物として、コケ類、スギ・マツ類・ケヤキなどの樹木、アサガオやペチュニアなどの草が知られています。樹林地そのものを指標として使うこともあります。たとえば、昭和四十年代には工業活動や交通の排ガスによる環境汚染が拡大しましたが、愛知県では、昭和五十年から社寺林などを中心にして、環境指標林が二三か所指定され、樹木の活力度をはじめ、昆虫等を含めた生物調査が続けられています。

目にはさやかに見えねども

「六日の菖蒲《あやめ》、十日の菊」という言葉があります。五月五日の翌日六日の菖蒲、九月九日の翌日十日の菊、時期遅れで使いものにならないことのたとえ。季節の折り目の節の日、厄を払い、無病息災を神に祈る日を節句といい、五節句がとくに大事にされました。一月七日は七草、三月三日は桃の節句、五月五日の端午の節句は菖蒲、七月七日は七夕の笹、そして九月九日は重陽《ちょうよう》（陽の数の極である九を重ねる日）の節句の菊と、五節句にはそれぞれにそれ用の、季節の植物が不可欠のものでした。

そもそも西洋の暦は、四季の始まりを春分・夏至・秋分・冬至として一年を区分しているのに対し、東洋の暦は、それぞれに先立つ立春・立夏・立秋・立冬、さらに再区分して二十四節気を置き、微妙な季節の変化に対応させています。そんな季節感の中に育ってきた日本人でした。

遠く平安の頃、「源氏物語」の光源氏は、六条院と称する広大な邸に四つの対の屋を設けて愛する女性を住まわせ、それぞれに季節の趣をこらしたとあります。紫の上の住まいは春、紅梅、桜、

山吹などの花木。花散里は夏、泉と木陰、卯の花の垣根。秋好中宮の住まいは秋で、紅葉と秋の野の花。明石の上は冬で、雪降りを期待した松と朝霜がおくための菊の籬《まがき》、といった具合。その女性たちの間で交わされた季節についての論争も、王朝の雅でした。

こうした季節に対する繊細で鋭い感覚は、これに留まることなく、まだ目には映らなくとも、風の音に次の季節の忍び寄る気配を捉えたのでした。

秋来ぬと目にはさやかに見えねども　風の音にぞ驚かれぬる　　藤原敏行朝臣

今や都会には季節感がありません。あの繊細な日本人の感覚はどこへ行ったのでしょうか。大都会で季節を感じるのは、デパートや商店街のプラスチックの桜や紅葉であり、ジングルベルのメロディ、そして女性のノースリーブやロングブーツです。スーパーには、冬でもキュウリがあり、夏でも白菜が並んでいます。「六日の菖蒲、十日の菊」を今の街でいえば、「十五日のチョコレート、二十五日のクリスマスケーキ」というところでしょうか。おっと、外来物ながら「月曜日のカーネーション」に何とか植物の命脈が保たれていました。

こうした都会の季節感の無さは、季節を尊重して農耕中心に展開してきたわが国の文化や社会構成が、季節に影響されることが少ない工業社会に切り替わったゆえにもたらされたといってもよいでしょう。工業化社会は、本来天然のものを人工でつくり出してきました。そのおかげで、人間の生活は確かに便利になりました。しかしその反面、人々の周囲から生命の香りのする自然を奪っていきました。それと並行して、人間生活から潤いが失われ、ギスギスした競争社会化が進みました。

四季の変化に敏感に対応してきた日本人が、こうした季節のない都会にますます集中していくとき、近い将来の日本人の国民性もその文化も変質していくでしょう。その兆しはすでに明らかになりつつあるような気がします。そうなっていけば、ひょっとして自然の有様が「目にはさやかに見え」ても、それに季節を感じる感覚がもはや無い、というようなことになるかも知れません。季語は死語と化し、俳句の道は衰退の大ピンチ。まさかとは思いますが。

それまで進められてきた工業化社会や高度経済成長が、必ずしも人々みんなの幸せかどうかを疑問に思う声が高まったのは、昭和四十年代後半からでした。自然保護の声、緑を取り戻せの叫びは、連日新聞を賑わせ、まだ組織さえあやふやであった行政当局の緑担当係を慌てさせました。ようやく昭和五十年代に入って、緑・自然環境問題は何とか手当てされるようにはなりました。しかし、その動きも、また新しいバブル経済狂気の波の中にアップアップすることになったのでした。都市の無季節化はいまなお進行中です。
その一方で、小耳にはさんだちょっといい話。その名も劇団四季の本社には、狭いながらも細長い庭を四つに区切り、それぞれに春夏秋冬の植物が絶えないように育てられているといいます。もちろん、オールシーズンの劇団繁盛を願ってのことなのでしょうが、「四季」の四季の話題。

大学に在職の十数年間、進学してくる学生さんに自然環境絡みの講義をして、感想文を書いてもらっていました。感想文の中に毎年あるのが「子供の頃には自然が豊かだったが、…」と嘆く文章です。身の回りから確かに自然が減っているのか、そう感じるべきだというのが定石になっているのか、よくわかりませんが。もっとも、私が今この台詞をいったとして、明治大正の人々に苦笑されるのは目に見えています。ついでに感想文についての感想をもう一つ。「環境のことを習ったのははじめて」が多いのです。小・中・高校十二年間、それもこの環境時代にです。残念ながら、「環境」が大学入試の科目に無いことが、その最大原因と思わざるを得ません。

山あれば山を観る　雨の日は雨を聴く
春夏秋冬　あしたもよろし　ゆうべもよろし
山頭火

花の生命は短くて

東風吹かば匂いおこせよ梅の花

ウメとサクラ。昨今は、サクラの人気が圧倒的、ウメは少々影の薄い存在でございますものの、その昔はとたどってみますればどうしてどうして、長いウメ上位の時代が見えて参ります。ウメとサクラは、まさに春の花の好敵手でございまする。

サクラは、ヤマザクラ、オオシマザクラ、カスミザクラなどサクラ類の総称でございますが、わが国の自生種で、六千五百年前の若狭鳥浜遺跡からその皮を巻いた弓が出土いたしております。民俗学では、サクラとは「サ」と「クラ」が結び付いた語。サは、サツキ（五月）、サナエ（早苗）、サオトメ（早乙女）のサで、稲田の神霊を指す接頭語、クラは、イワクラ（磐座）、タカミクラ（高御座）、カマクラ（雪国の雪室）のような、神霊が拠り鎮まるところを意味し、豊作を約束する稲の神の宿る木、その花で豊凶を占う木と申します。サクラを意味する言葉には、花王《かおう》、挿飾草《かざし》、手向《たむけ》草、夢見草、曙草、春告草《はるつげ》、二日《ふつか》草、徒名《あだな》草、色見《いろみ》草、木《こ》の花など。草は植物全般の意味で、いずれも、春・はかなさ・やさしさなどの読み取れる趣ある言葉ばかり。

古事記や日本書紀に、履中天皇四〇二年一一月、池に遊ぶ天皇の杯に季節外れのサクラの花びらが散り込み、それを愛でた天皇がその宮殿を「若桜の宮」と名付けたとか。また日本書紀四一九年に、女性の館で一夜を過ごした允恭天皇が、朝「桜の華」を見て、

花ぐはし桜の愛《め》で同愛《ことめ》でば　早くは愛《め》でずわが愛《め》づる子ら

と詠んだとありまして、これらの記事が、サクラの文献初登場とのことでございます。

しかしながら、履中天皇の記事は地名の由来、允恭天皇の桜もユスラウメではないかとの異論もございまして、これらの書物は後世サクラが高い評価を受けるようになってからの時代の記述でございますゆえ、いま一つ信頼性に乏しいとのこと。

これに比べて万葉集の中のサクラは、具体性を帯びております。たとえば、

あしびきの山桜花ひと目だに　君とし見てば吾恋ひめやも　　大伴家持

『梅は咲いたか…』に出て参りました薬師張氏福子のものも万葉集でございます。しかしながら、万葉集の中にサクラの歌は四四首、これはハギの一四一首、ウメの一一八首、マツの七六首に比べてずっと少ないのは何とも不思議。とくに、対抗馬のウメに大きく水をあけられているのは何ゆえにございましょうか。

ウメもサクラ類も分類上は同じ属、つまりは近い親戚筋。しかし、ウメは中国原産の輸入樹種

で、おそらく朝鮮を経由してわが国へやってきたものでございます。まずやってきたのは梅干(烏梅)であったらしいのでございますが、なにしろ中国にしろ朝鮮にしろ、それらは時の先進国、憧れの先進国からの舶来ものが尊重され、その真似をするのは当然のこと。とくに歌を詠むほどの文化人にとって、時の先進国中国の文物は特別大切なものであったはず。生きた植物にしても同じこと、いやいやかえって格段に大切なもので、屋敷にウメの木を持つことは文化人のステータスシンボルだったといってもよろしゅうございましょう。当然、わが国の自生種で、ありふれたサクラよりも尊重されたのも、無理なきこと。

万葉集という歌集は、八世紀末の編纂で、それを遡る三五〇年ほどの間の、詠み人の身分階層官民貧富にこだわらず、優れた歌を集めたとは申しますものの、やはりわが国最初の歌集という文化イベントに収録されるには、ある程度以上の文化的素養は不可欠。その文化人の身の回りに舶来のウメが競って植えられていたとしたら、その歌が多くて当然でございます。

梅の中国音はメ、朝鮮音がムメに近いとのこと、つまりウメの名自体も舶来品で、万葉集では、烏梅、宇梅、宇米などでウメと読ませておりますが、平安時代にムメになってそれ以降ずっと長らくムメ、今はまたウメに戻ったとのこと。ちなみに、学名も *Prunus mume* でございます。

梅咲きぬ　どれがウメやら　ムメじゃやら　　蕪村

このウメ人気は平安中期まで続きました。この頃まで、たんに花といえばウメのこと。春告草、カザミ（香を嗅ぐの意）グサ、風待草など、わが国特有の優雅な呼び名も生まれております。御所紫宸殿の前に配置されている右近の橘、左近の桜、このサクラも、仁明天皇の治世（八四〇年頃）までは左近のウメであったということでございます。

平安初期の代表的文化人、菅原道真公がウメをこよなく愛された話はあまりにも有名。宇多、醍醐天皇に仕えた右大臣道真が、左大臣藤原時平のざん言によって九州太宰府の権師《ごんのそつ》に。ウメとの別れに道真の歌、これに応えて遺愛のウメは九州へ飛んだと申します。飛び梅の伝説。

東風吹かば匂いおこせよ梅の花　あるじ無しとて春な忘れそ

されど、平安時代末までにサクラ人気はウメを追い越し、花といえばサクラ、祭といえば加茂の祭（葵祭）になってしまいます。上層階級だけのウメ人気では限りがあったのでございましょうか。鎌倉時代には、渡来文化であるはずの西方浄土の図にも、サクラを描き込むほどでございました。ただし、庶民が例外なくサクラ好きになったのは江戸時代。歌舞伎の題材になったり、題名になったり、江戸吉原や大坂新町などの遊里はまたサクラの名所でもありました。

そして明治大正昭和、軍靴の音高く、「桜花のごとく潔く散るのが軍人、大和魂の象徴」と勝手に解釈されたサクラが、碇とともに七つボタンを飾った悲しい時代でございました。

これはこれはとばかり花の吉野山

サクラ名所は数々ありますが、その筆頭はやはり吉野山。歴史からして群を抜いていますし、あの芭蕉が、花の時期に二度も訪れながら、あまりの見事さに安原貞室の「これはこれはとばかり花の吉野山」以上に言葉もないと句を残せなかったほど。もっとも芭蕉さんは、松島でも「松島やああ松島や松島や」と詠んだきりですし、どうも有名地は他の人々にまかせて競合するのを避け、無名の古池などに境地を見出すやり方を好んだよう、とは極めて不謹慎な解釈。

奈良県吉野郡吉野町吉野山。その歴史は古く、神武天皇御東征にまで遡りますが、その後数々の天皇と由緒も深く、古く飛鳥を中心に奈良盆地南部に集中していた都から、それほど遠くない、今風にいえばリゾート地としての位置を占めていました。したがって、八世紀末編纂の万葉集にも、吉野の歌は九〇首ほど登場します。しかし不思議、その中にサクラの歌はありません。

サクラの元祖は、修験道の開祖、吉野大峯を霊場として開いた役小角《えんのおづぬ》、それは七世紀後半の人でした。役小角は、大峯山で千日の苦行の末、憤怒の蔵王権現を見、この御姿こそ汚れた世俗の民衆を救うものと、その姿を木像に刻み、吉野山に祀りました。これが吉野蔵王堂の始まりですが、その木像の材料がサクラであったことから、以降サクラは御神木として大事にされ、また信仰の証の献木というかたちで植え継がれて、「桜の吉野山」を成してきたのでした。したがって、万葉集の段階には、「吉野の桜」はまだそう著名ではなかったということになります。

平安時代、サクラ人気は急上昇、サクラの吉野山は天下の名所と化し、憧れの的。万葉集には無かったものの、万葉集から百年を経た「古今和歌集」をはじめとして、その後は当然のことながら吉野のサクラの歌は豊富になってゆきます。

み吉野の山辺に咲ける桜花　雪かとのみぞあやまたれける　　紀　友則

越えぬまは吉野の山の桜花　人づてのみに聞きわたるかな　　詠人知らず

吉野のサクラをさらに有名にした西行法師の功績は大きなものでした。「願わくは花の下にて春死なむ　この如月の望月のころ」と詠んだほどサクラに執心な彼は、武士を辞めて出家の上、吉野山に何度も足を運ぶだけでは飽き足らず、遂に吉野山に庵を結びます。

吉野山こずゑの花を見し日より　心は身にもそはずなりにき　　西行

木のもとに旅寝をすれば吉野山　花のふすまを着する春風　　西行

吉野には南北朝哀史も。後醍醐天皇は吉野のサクラを三度ご覧になった勘定になります。

ここにても雲井の桜咲きにけり　ただ仮そめの宿と思ふに　　後醍醐天皇

華やか極まる大花見もありました。没するに先立つ四年、太閤絶頂期の五千人の宴でした。

とし月を心にかけし吉野山　花の盛りを今日見つるかな　　太閤秀吉
君が代は千年の春も吉野山　花にちぎりの限りあらじな　　徳川家康

吉野のサクラは、勝手に生えているのではありません。信仰に支えられて、古い昔から千三百年に及んで、植え継ぎ植え継ぎしてきたものでした。江戸時代の書や歌から、蔵王堂の門前町には参拝者に献木を勧める様子がうかがえますし、大名や商人の大量の献木の記録もあります。江戸の文人たちもこぞって吉野に遊び、その旅行記は人々に吉野詣でへの憧れをつのらせました。

人気の吉野山を襲ったのが、明治維新の神仏分離、廃仏毀釈の嵐でした。この嵐に吉野山も直撃され、修験道寺院は次々と取り壊されました。その中で蔵王堂は、金峯山寺の名を金峯山神社に切り換え、仏職は神職に転身して何とか難を免れます。しかし、本家本元の蔵王権現がこの有様では、それに基づくサクラの維持もままなりません。文明開化の世の中に、サクラよりもっと有用なスギやヒノキをと、サクラの山はスギやヒノキの山に変えられ始めます。

しかし明治四年、大阪の商人某がスギに変えるつもりで、吉野全山のサクラを五百円で買い取ったとき、日本の伝統文化を守るべく私財を投じてそれを買い戻し、危機一髪の吉野のサクラを救ったのは、隣接のスギ人工林で有名な川上村の林業家土倉庄三郎氏だったのでした。

明治時代、富国強兵を掲げたわが国が、散りぎわの潔さを尊んでサクラを国花と定め、皮肉なことにそれによって吉野のサクラは息を吹き返します。吉野山は、明治二十六年奈良県立公園に、大正十三年国の史跡名勝に、昭和十一年吉野熊野国立公園特別地域に指定。土倉庄三郎氏なかりせば、です。ところで今、観光客は多いものの、昔のような信仰は薄れ、手入れする人も少なく、植え継ぎ、更新もままならず、病虫害、観光人害などで、吉野のサクラは衰微の方向に向かっています。千三百年の吉野山サクラの歴史を、平成の世に絶やしてはなりません。

サクラは日本文化を支えた樹木でした。花がきれいなだけではありません。その木材は、色艶が良い、精緻で狂いが無く、割れが少ない、音の伝導が良い、燃えにくい、等々の性質のおかげで、実に多様な用途がありました。中でも、版木としての用途は特筆すべきで、かつて経文、浮世絵をはじめあらゆる印刷物に用いられていました。出版を意味する「上梓」という言葉がありますが、これは中国の版木がミズメ（梓）で、それが直輸入されたもの。国産の言葉としてはこれを真似て「桜木に上し」がありました。今は死語となりましたが。わが国の文化の重要な部分である印刷を支えてきたサクラの貢献を忘れてはなりません。

蛇足。世に普遍的なソメイヨシノは吉野山とは無関係。上野公園で吉野桜と呼ばれていたものが、紛らわしくないよう、苗木供給地染井の名をとって明治三十三年に命名されたものです。

月もおぼろに白魚の
かがりも霞む春の空

春、おぼろ、かすみ。春と霞はつきもの、春霞。霞んで見えるさまが、おぼろ。はっきりしない、ぼうっとしている、ほのかであるの意。したがって、薄く剝いだ昆布はおぼろ昆布、とは余計なこと。

月もおぼろに白魚の　かがりも霞む春の空……　（三人吉三廓初買）

菜の花畑に入り日うすれ　見渡す山の端かすみ深し　（おぼろ月夜）

月はおぼろに東山　霞む夜ごとのかがり火に　（祇園小唄）

ところで霞とは何だ、と「新版気象の事典」（東京堂出版）を開いてみると、気象学上の術語として霞という言葉はないそうで、一般に「かすみ」と呼ばれている現象は、大気中に微小粒子が浮遊している現象だといいます。そして、俳句の世界では、霧を秋の季語とし、春の霧を霞、さらに夜の霞をおぼろ（朧）と使い分ける、とか。

高砂の尾上の桜咲きにけり　外山の霞立たずもあらなむ　権中納言匡房

ご存じ百人一首からです。外山とは今でいう里山、人家に近い山のこと、その奥の内山に対して外の山、また戸山とも書き、これは内山への入り口すなわち戸口の山の意味でしょう。それはともかく、この歌も春で霞。一体何がいいたいのか、実は「大気中に微小粒子が浮遊」という霞の中味、微小粒子について、その正体に花粉をぐっとクローズアップして当てたいのです。つまり、近頃花粉症が騒がれておりますが、春は花粉のシーズン、花粉は春霞の原因になるほど昔から多かった、むしろいわゆる自然が豊かであった昔の方が多かったはずだといいたいのです。

といえば、今問題なのはスギの花粉、スギが増えたことが原因、昔はそんなにスギはなかったとおっしゃる方が必ずおいでになるはずです。それに対して、こんなお答えはいかがでしょう。

スギは日本古来の樹木、日本人より古い生き物、日本全体に増えたのは戦後の造林による最近のことは間違いないとしても、日本のあちこちにスギの多い地域がありました。とくに、奈良の吉野の五百年、京都北山の四百年などの歴史をはじめ、どこを見てもスギばかりの人工造林の歴史の古い林業地はあちこちにありました。そういった地域でも、ごく最近昭和四十年代まで花粉症などありませんでした。また、その頃すでにスギがほとんど無くなっていた東京という街に、どうして花粉症に悩む人が多いのか。さらにいうならば、最初に花粉症を騒ぎだしたのはイギリスですが、イギリスには当然のことながらスギはありません。

つまり、花粉症を起こすのは、スギだけではないということ。あまりにもスギだけが悪者にされスギているのはどうかと思うのです。確かにスギの花粉は症状を起こします。しかし他にも、ヒノキ、カモガヤ、ブタクサ、キクなどをはじめ、ナラの類、ブナなどでも起こります。およそ花粉をつくる植物はすべて可能性あり、といってよいかも知れません。問題は、昔はなかった花粉症がどうして今、なのです。そこで登場してくる黒幕がいます。ディーゼル排気ガスです。ディーゼルエンジンは、安価で効率よく、重量輸送に向く、ということで、主にトラックなど大型車両に使われてきましたが、その排気は平成五年まで規制はほとんどありませんでした。この排気ガスに含まれる微粒子と花粉との複合作用によって花粉症の症状が起こるらしいのです。

何人かのお医者さんの研究によれば、ディーゼル車両の交通量の多い国道沿線などで患者さんが増えるといいます。また、排気微粒子と花粉との複合物をマウスで実験すると、花粉症になるということも聞いています。主犯は新参者のディーゼル、スギなどの古くからの住人は、知らず知らずに手を貸して、主犯扱いされている気の毒な連中。そんなところではないでしょうか。

花粉症で苦しむ人たちは確かにお気の毒ですが、気持ちが悪いからとやたらに鼻をかむ、目をこするのが、余計にひどくしてしまうこともあるのではないでしょうか。花粉は、一ミリの五〇分の一から一〇〇分の一くらいの顕微鏡的に小さい粒ですが、トゲトゲした形のものが多く、これがディーゼル排気で損傷された鼻の粘膜にくっつきます。気持ちが悪いと力を入れて鼻をかむと、花粉のトゲトゲで粘膜は余計に傷つく、これの繰り返しになります。

とすれば花粉症を治す、あるいは余計悪くしないコツ、それは鼻をかまないこと。目もこすらずによく洗い流すこと。実際に、何年かとりつかれていた花粉症を、一年の辛抱で治した女性アナウンサーを知っています。この女性は、ある漢方系のお医者さんのアドバイスで治療したと聞きましたが、そのお医者さんは、鼻はかまない、鼻が垂れてきたら拭きなさい、垂らすのが嫌なら啜りなさい、自分の身体の中のものだから汚いことはない、と教えてくれたそうです。私事ながら、私の娘も花粉症でした。実は、私の父も兄も耳鼻科の医者、私は木や森の専門家、名誉にかけてこの方法を試みさせたら、やはり一年で何とかなりました。

知ってほしいことは、本当に悪いのはディーゼルなど、そしてどんな植物も共犯になりうるということ。贈られた花束の香りを嗅ぐのもほどほどに。スギの冤罪を何とか晴らしてやりたいのです。スギの枝打ちを促進して花粉を減らす、花粉の少ないスギの育種なども進められていますが、ディーゼルをそのままにしてのスギ対策はお門違いです。でも、スギを増やしたのは国の責任、スギの枝打ちや間伐が進まないことも花粉を増やすと、国を相手に訴訟を起こした人もいます。平成五年のことでしたが、訴えた人の名は杉山繁二郎氏でした。「事実は小説より木なり」。

桃栗三年柿八年

芽生えてから実るまで、モモやクリは三年と早いが、カキは八年かかる、何事も時期が来なくては達成されないことのたとえ。これに続けて、柚子《ゆず》は九年でなりかかる、さらに続けて、梅は酸いすい十八年、とも。年数の正確さはともかく、早く実のなるもの、時間がかかるもの多様なことは事実です。桃栗三年をもじって新家庭の成立過程を、遣り繰り三年、恥かき八年、融通九年で成りかかる、とは。

古くは菓子のことであったといいますが、食用になる木本植物の果実のことを果物といいます。モモ、クリ、カキ、リンゴ、ブドウ等々です。スイカやメロン、バナナやパイナップルなど、草本植物のものも果物の名で呼んでいますが、草本の果実も含めるのは欧米式とのことです。

どんな樹木にも果実がなるのは当然ですが、その中で旨くて食用に向くものがだんだん独立し、栽培され、品種改良されて、果物屋さんに並ぶ「果物」となりました。クリは食べるところはタネですが、これも果物の仲間入りしています。

熱帯は果物が豊富です。その中でも、果物の王様といわれるのがドリアンで、女王様はマンゴスチンということになっています。とすると王子様はパパイヤあたりでしょうか。でも王様にはなれない王子様です。パパはイヤだといっているのですから。旨いマンゴーもありますが、これはウルシの仲間の植物、食べ過ぎると口の回りがかぶれてきます。新参ながら人気のあるキウイ、これは中国原産ですが、ニュージーランドで栽培されて世界制覇しました。これが何とわが国でいえばマタタビと同属、そう、あの「猫にマタタビ」のマタタビです。マタタビは、人間にも強壮や元気回復に効果があって、昔から使われてきました。キウイとよく似た小さな実を漬物にしたり、焼酎につけ込んだりして、これを口にした旅人は元気回復、また旅を続けたというのが名の起こりというのですから。これらはすべて木本植物の果実、本来の果物です。

クリに限らず、樹木のタネを食べるものも数々あります。ビールのつまみに持ってこいのナッツ。ナッツは堅い殻に包まれた果実の総称ですが、いくつもの種類を混ぜたナッツの袋の中には、マツのタネが入っています。ただし、アカマツやクロマツのタネは小さくて食用にはなりません。ナッツのマツのタネはチョウセンゴヨウなどのものです。

森の果実は、果物屋さんができるずっと以前の縄文の昔から、人々の生活を支えてきました。古代遺跡から木のタネがまとまって発掘された例はたくさんあります。まとまってというのは、人が集めた、つまり食べたということで、クリやクルミ、カシ類やナラ類のドングリなどがその代表です。長い歴史の中で、およそ食べられそうな木の実はすべて食用に試されたことでしょう。そのままでは食べられないものについても、食べる技術が開発されました。たとえば、渋いトチの実を晒して食べること、この技術は今も使われています。もっともその製品は、今はきれいに包装され、栃餅や栃饅頭などの商札付きで土産物屋さんに並んでいますが。ブナの実も食べました。ブナのことをソバグリと呼ぶ地方があるのはその証拠でしょう。

長崎県平戸、松浦鉄道のたびら平戸口駅、ここはかつての国鉄線の最西端駅でした。この駅の周囲に、今は少なくなったと思いますが広大なマテバシイの林がありました。マテバシイは、大気汚染に強いので都市緑化によく使われている樹種ですが、平戸にその林が多いのは、藩政時代に殿様が造林を奨励したからだといいます。それは飢饉のときの対策で、平常時は薪など木材を生産し、飢饉のときにはそのドングリを食べるためでした。そんな昔でなくとも、太平洋戦争で食糧事情が悪かったときに、農林省の今の林野庁にあたる部局の特用林産（木材以外の林産物）担当の課では、ドングリなどの食用の木の実を重要産物として扱っていました。

桃栗三年柿八年と同様に、森林樹木も実を結ぶようになる年数（成年期）には、樹種によってくせがありますが、一般には幼時に成長がよい陽樹では若くから、初めの成長が遅い陰樹では遅くなります。たとえば、陽樹のハンノキやカンバ類では一〇年前後からですが、マツ類で一五から二〇年、スギやヒノキ二〇から二五年、ナラやカシ類三〇年前後、モミ類・トウヒ類やブナ四〇年以上と大きな差があります。

さて、この成年期に達した後、樹木は毎年実をつけるものでしょうか。もちろん毎年のものも多いのですが、一般に高木種では毎年というわけではなく、実りに豊作、凶作があります。森林樹木の豊凶は、お米とは違って確実な波があり、木の実が少ない年に、餌が不足してクマが里に出てくる話はよく聞きます。繰り返される豊作凶作の間隔にも樹種によって差があり、ヤシャブシ・ニレ・ハンノキ・ヤナギなどほぼ毎年結実するものもあれば、クリやキリは毎年か一年ごと、スギ・ヒノキ・マツ類・ケヤキ・ナラ類で二、三年ごと、ヒバ・モミ類・トウヒ類三、四年、クスやブナ四年から五年、カラマツに至っては五年から七年に一回の豊作といわれています。その間隔の長いものでは普通、豊作年と凶作年の繰り返しの間に、並み作年が挟まります。

こうした豊凶がどうして起こるのか、今のところ確実にはわかっていません。同じ地域では、同じ樹種の結実周期はほぼ一定しているものの、誰でも思いつきそうな気象条件とは関係はなさそう。同じ樹種でも地方や木によって結実の状態に差があるからです。複雑な条件があるのか、それぞれの樹木の本性なのか、樹木の実り、何かキニナルことです。

山川草木悉皆成佛

適材適所

熱帯多雨林は、さまざまな種類の木が混じって生育していますが、現地の人々はそのたくさんある樹木の種類の用途をかなり詳しく区別しています。掘建て小屋を建てるとしても、床下にはシロアリに食われない材を、外壁には雨に晒されても腐りにくい材を選んで使います。かつてマレーシアで熱帯林の調査をしていたとき、調査木を次々と伐り倒して、ある木の順番が来たとき、手伝いの現地の人々が手に手にビニール袋を持って待っているのに気付きました。伐倒木の切り口から溢れる樹液を集めるためで、それは壁に塗ると防腐剤として良いということでした。

森を知り、森や樹木を活用する知恵は、長い森との付き合いがあって生み出される一種の文化です。その中で、用途によって樹種を使い分けることなど、常識といえましょう。

福井県三方郡三方町三方湖畔の鳥浜遺跡。この遺跡は、すでに一万五百年前に人の居住が確かめられているそうですが、約六千五百年前（縄文前期）の貝塚遺跡が集中的に発掘されたのが、昭和五十年頃のことでした。その出土品の中には木製品も多く、中には櫛などのかなり高度な技術を伴った細工物もみられ、それにはすでに漆が施されていたといいます。出土した木材の樹種を調べてみると、当時の人々がただ木材を使っていただけではなく、各種の用途に応じて樹種を使い分けていたことが明らかになりました。たとえば、石斧の柄には硬くて弾力のあるユズリハ・ツバキ・サカキ、同様に硬くて弾力性が必要な弓にはカシ・ヤナギ・クリ・トネリコ、盆や鉢にはトチノキ、建築・土木材にはカシ・ヒノキ・クリ・シイ、大量の板や棒にスギ、櫂にケヤキ、といった具合とのことです。

こうした木材の使い分けが、今日あるいは最近までの使い方と相通じているのは興味深いことです。たとえば、硬くて弾力性があるトネリコ、その仲間であるアオダモやヤチダモは、硬くて弾力性つまり反発力が要求される野球のバット材としてあまりにも有名です。トチノキは、材の繊維が交錯し、緻密でひび割れしにくく、削げのないことで尊重され、今も盆や鉢のろくろ細工の最良材です。ヒノキは現在も最高の建築材でいうことなし、また、クリは水湿に強いため、防腐剤が発達するまでは木造家屋の土台、また板屋根によく用いられました。それにいつも雨曝しの鉄道の枕木もクリでした。今はコンクリになってしまいましたが。スギは、「直木《すぐ》」が「スギ」になったというほど、材が素直で縦割りしやすく、今に至るまで板材として広く用いられてきました。ケヤキは、やはり緻密で硬く、ある程度弾力性もあって荷重に耐えられるため広い用途がありましたが、櫂のみならず、よく似た用途として荷車の柄がありました。

適材適所という言葉があります。いまは、あいつは弁が立つから渉外係だとか、小才が利いて勘定が達者だから宴会係という風に、人材の意味に使われますが、材とはもともと木材のこと、文字通りの適材適所を、六千五百年前のご先祖さまたちはちゃんと心得ていたのでした。

日本書紀の中にこんな記述があります。「素戔嗚尊《すさのおのみこと》が髭を抜いて散らすとスギに、胸毛はヒノキに、尻毛はマキに、眉毛はクスノキになり、スギとクスノキは浮宝（船）とし、ヒノキは宮殿に、マキは棺にせよと教えた」。古代遺跡の出土木材は、この記事通りの使い分けを実証しているといいます。たとえばマキ、正しくはコウヤマキ、現在は少なくなった樹種ですが、古代には豊富だったようで、水湿に強くて棺に広く用いられたことには、たくさんの実証があるといいます。関西では、お盆のお供えの花として今もコウヤマキの切り枝が使われますが、昔の用途からの因縁かも知れません。なお、コウヤマキは、樹形がよいので庭園樹として評価が高く、かつてヒマラヤシーダー、ナンヨウスギとともに世界三大庭園樹と称されたこともあります。

さて、日本人はその長い歴史の中で、実に見事に適材適所を実践してきました。『これはこれはとばかり花の吉野山』で紹介したように、豊富に樹種があっても印刷版木をサクラにこだわったのはその例です。またさらに、樹木の幹は日当たり側に凸に湾曲して成長しがちなので、建物の梁の材は日当たり側（背）を上に、日陰側（腹）を下にして用いるといったきめ細かい使い方も心得ていました。「背に腹は代えられぬ」です。

古い落語の普請を褒めるくだりに、和風建築における木材の見事な使い分けがみられます。

「表《おもて》構は総一面の栂《とが》造り。三和土《たたき》は縮緬漆喰《ちりめんじっくい》。上り框《かまち》は三間半桜《さくら》の通り物。奥へ通ると、畳は備《びん》後表《ごおもて》の撚縁《よりへり》。天井は薩摩《さつま》杉《すぎ》の鶉杢《うずらもく》。南天《なんてん》の床柱《とこばしら》、萩《はぎ》の違棚《ちがいだな》、黒柿《くろがき》の床框《とこがまち》。………台所に回ると、ご自慢の大黒柱、尾州桧《びしゅうひのき》の八寸角芯去《しんさ》り四方柾《しほうまさ》」といった具合です。材料を選りすぐった見事な和風建築が浮かび上がりますが、表構えのツガ材は、風雨に強い材。サクラの三間半（六・三メートル）一本材は逸品です。薩摩杉とはヤクスギのこと、その見事な杢《もく》。黒柿はコクタンなど南方材のこと。贅を尽くしたこの家の凄さは、木曽ヒノキの大黒柱に止めをさします。


木材を用途別に使い分けられるのは、樹種の多い地域にのみ許された一種の贅沢です。わが国を含めて東アジアは、降水量が多くて、本来樹種の豊富なところです。たとえば、わが国の東北地方とドイツ・フランスあたりの森林を比べてみると、同じ冷温帯のブナやナラの落葉広葉樹林でもその種類数は格段に違います。下層植生も質量ともに比べものにならないほど、わが国の方が豊かです。わが国の古い書物、古事記と日本書紀の中に、すでに二七科四〇属五三種の樹木名があるといいます。木材の使い分けは、人間と森との付き合いの一つの象徴です。そうした付き合いを通じて、人々はそこに特徴ある森林の文化を生み出していったのでした。

輪廻転生

森林は雨によって育てられます。地球上には、信じられないほど降水量（雨・雪・あられ等すべて）の少ないところがあり、たとえば、ダムで有名なエジプトのアスワンの年間降水量は平年値で〇・五ミリです。こうした所では水不足で植物は育たず、砂漠です。もう少し降水量が多いと草原、さらに多くなると草原の中に点々と樹木が生えるサバンナ、そしてさらに降水量が多いところがようやく森林になります。

何度も話題にしてきたように、わが国は降水量の多い国です。全国平均年間一七〇〇ミリで、全国どこでも森林が育つ条件は十分です。だからわが国では森林があって当り前、ましてや雨のおかげで森林があるなんてことは考えもしない、むしろ雨は嫌なものでいつも天気を気にし、晴れたら「天気が良くてよかったね」です。しかし、この感覚で世界を見てはいけません。地球上の砂漠や草原は、地球陸地の半分を占め、森林の成立条件を満たしているところは、陸地の三分の一に過ぎないのですから。

人間の生活環境にとっての森林の大切さを、今まで人々が十分知っていたかどうかは大いに疑問です。とくにわが国のように、降水量が多くて夏暑い、森林の成立しやすいところでは、森林の恩恵は十分に受けながら、森林の大切さをあまり認識していなかったといえます。つまり、日本人にとって、森林は「空気のような存在」でした。ただし、この言葉には二つの意味があり、一つは「当然の存在で普段気にかけない」、もう一つは「それが無くなったとしたら」です。

もちろん、天武天皇の御代（六七七年）に出された大和の国の山野伐採禁止令をはじめとして、森林保護の政策がいくつも打ち出されたことは、森林の大切さを認識してのことだったでしょう。しかし、一般にはそんなに気にせずに森林が使われてきました。多くの文明の地が、森林酷使の結果、ついにその文明自体の崩壊を招き、「遺跡」となっていったのに比べ、わが国が森林を酷使してきたにもかかわらず、今なお国土の三分の二を覆う森林を維持しているのは、豊かな森林の成立を許す気候条件のお陰であったといってもいい過ぎではありますまい。わが国と日本人は、雨によって生き延びてきたのです。

さて、豊かな森林のあるところ、そこにはおのずから森林に育まれた文化が生まれます。わが国の文化を「木の文化」と呼ぶことがよくあります。前節の『適材適所』でみてきたように、さまざまな種類の樹木を用途によって使い分けてきたことも「木の文化」の大きな特徴です。燃料としての木材も、日本文化を支えるのに大きな役割を果してきました。それに森林の落ち葉や下草は、肥料として使われ、わが国の農業生産に欠くことのできないものでした（『お爺さんは山へ…』）。現在の石油化社会になるまでの日本で、物質資源として、またエネルギー源として今の石油にあたる働きをしてきたのは、実は森林なのでした。少なくとも昭和三十年代まで、日本人のほとんどが木の家に住み、木の道具を使い、街中でも風呂は薪が、暖房は火鉢の炭が主流でした。それだけではありません。森林は、わが国の景観を形づくり、国土や生活環境を守り、国民の心に繊細で穏やかな感情を植えつけ、そしてさらにそれに基づいた思考すなわち物の考え方を育ててきました。

豊かな森の中での発想はまた多様で柔軟性がありました。身の周囲も頭上も、緑に取り囲まれた湿潤な世界では、生から死、死から生への循環・輪廻転生の思想が生まれます。森の中に朽ちていく倒れた木の、横たわった幹の上に芽生えている稚樹、これを倒木更新といいますが、これはまさにその具体例でしょう。猛獣や毒ヘビなどを除けば、今日の命が直接脅かされるような危険も少ない森の中では、自らを見つめる余裕もあり、自ら悟り、その能力限界を知り、共存と他力

トウヒの倒木更新（大台ケ原）

の援助によって自らの力不足を補う思考が育つはずです。

それは、それこそ森羅万象に生命を認め、神を見出すことにつながります。森と密接だったわれわれの先祖たちは、木にも草にも、川にも山にも、天然現象にも神が宿ると信じてきました。山の反響も樹神の応答だとして、これに木霊《こだま》（木魂）という美しい名を与えているほどです。仏教は、「山川草木悉皆成仏」の宗教観を植え付け、殺生を嫌う自然観を生みました。穏やかで平和な仏教的思想は、湿潤な東洋の文化の底流をなしています。

森林が代表する自然への信仰は、わが国の多くの社寺が森や木立に囲まれていることに象徴的です。「極めて厳かな様子」に「森厳」という文字が使われ、森林を擁する山岳の信仰も、比叡、高野、大峰、羽黒、御岳等々枚挙に暇がありません。奈良の三輪山のごとく、山そのものが御神体である具体例もありますし、そうでなくても、神々しい山岳の姿に、そんなに抵抗なく頭を垂れ手を合わせるのも、よく見る風景です。神が宿る依代《よりしろ》として、巨木や老樹に注連縄《しめなわ》が懸けられ、灯明が供えられているのも、ありふれたことです。

自分の周囲を耕していればなんとか食える、協調、共存、嘘をつかない信頼の文化が森林の文化、こうした穏やかな思想は、東アジアのような森林を自然の原形とする湿潤なところでこそ成り立ったのだといえましょう。

東は東、西は西（一）

湿潤地域の、森林が育むのが、循環・輪廻転生、共存・他力信頼を基盤とした文化と思考、これがいうならば東洋型でした。

これに対して、乾燥した緑の無い砂漠では、一つ間違えば命を落とすぎりぎりの危険と背中合わせです。それどころか、死体さえカラカラに干乾びてしまいます。こんなところでは「死から生」といった輪廻転生の思想は到底生まれっこありません。頼れるものは自分だけ、砂漠は森林と違って見通しはききますから、いつも自分で大局を見定めて自分が判断しなければなりません。当然そこには、自己中心、自分以外の周囲に対して戦闘的な姿勢の思考が育つことになります。自分が食っていくためには他人の領域にも踏み込まざるをえない、自己生存のための敵対、略奪、他人不信の文化が砂漠の文化といえます。「目には目を歯には歯を」なのです。「契約」は、他人を信用しないことに基本的な発想がありますが、紀元前二千年のアッシリアの遺跡から、粘土板に楔形文字で記された契約書が発見されたと聞いたことがあります。砂漠に生まれた思考が、西進して西洋型思考を形成したのでした。

一九九一年、砂漠の国の湾岸戦争、その解決に乗り出したのが欧米諸国、そのやり取りがわれわれにどうもわかりにくかったのは、すべて砂漠—西洋型思考だったからではないでしょうか。

「東は東、西は西」East is east and west is west——イギリスの詩人キプリングの詩句。

鈴木秀夫博士の著書「森林の思考・砂漠の思考」(一九七八年)は、東洋文化の基盤となった森林の思考は、見通しのきかない森の中で迷い迷いしながら、忽然として桃源境に至るものであり、だから「分かりません(分けない)」という表現が成り立つ、これに対して、砂漠の思考は見通しの上に立って、分かれ道で右か左か生きるための択一を迫られる、いうならば二進法の思考であり、西洋の文化はその理論体系で組み立てられている、と述べています。

いく通りもの選択が成り立ち、やり直しがきく湿潤域の東洋型思考と、一つを選ばざるを得ず、やり直しのきかない乾燥域に誕生した西洋型思考、それが端的にみられるのが「自然」に対する対応です。それはすなわち、順応の東洋型、征服の西洋型です。

古くギリシャ時代には、自然とは、天文、気象、地質、生物、人間社会、人間心理などを含めた意味の広いものであったようですが、その後ヨーロッパでは、人間的なものは自然の概念から省かれ、さらに生物的なものも除かれていきました。その過程で、人間は自然の上に位置するものであり、自然を征服し、意のままに奉仕させるという思想が支配してきました。とにかく、自然を支配する神が、その姿に似せて人間をつくったという思想が根底にあるのですから。

この点は、もともと自然とは「わざとらしくない・おのずから・いつの間にか」の意味で、自然順応が基本であったわが国とは対照的です。その違いにもっとも影響を及ぼしているのが乾燥と湿潤です。乾燥地帯に比べると、森林がよく発達する湿潤地帯では、伐っても潰しても回復してくるその力に抗しえず、自然に順応せざるを得なかったというのが正解かも知れません。

過度の自然利用（征服）がヨーロッパに破綻を生じさせ、かえって自然保護思想を生んだのは十八世紀でした。一方、順応と調和を基調としてきたはずのわが国が、循環の思想をないがしろにして自然破壊するに至り、ようやく自然保護の思想が浸透したのはそれから二百年も経た二十世紀後半のことでした。

さて、左右・黒白をはっきりさせる西洋型思考が先進的であるとみたわが国は、明治以来思考回路を湿潤森林型から乾燥砂漠型に切り替えるのに懸命でした。そして今、二者択一、〇×式の時代です。「開発」とくれば「保全」といった相対する両極の二者択一を迫ります。「生産性か環境か」「利益か福祉か」……。両極の間にあるはずのさまざまな選択肢を認めようとしません。

砂漠―西洋型の長所は「大局を見定める」ことです。大局を見定める砂漠型思考と、個々の問題に柔軟に対応できる森林型思考を併せ持つことが理想的です。しかし今のわが国では、表面的な二者択一だけが優先し、大局を見定めずに個々の問題だけに黒白をつけたがる傾向があります。中間的な解決は許されにくくなってしまいました。その結果生まれたのは、ギスギスした競争社会と目先の利益だけを考えた自己中心の社会。砂漠の分かれ道での選択も、実は生命の維持と共存が保証された緑のオアシスへの選択であったはずなのに。

ひと頃流行った「ファジィ」とか、昔からある「玉虫色」とかの言葉は、多肢選択が可能な森林型思考の良い点なのではないでしょうか。世界情勢も砂漠―西洋型思考では行き詰まりつつあるようです。一九九四年の北朝鮮核問題危機一髪のとき、危機が回避できたのは、解決を先送りして話し合いをという中国の東洋型の提案のお陰でした。解決を先延ばしにするのは、単に曖昧なのではなく、良い知恵を出す時間を持つこと、「時が解決してくれる」湿潤森林型思考です。

わが国の自然環境と長い歴史が育ててくれた、せっかくのこうした森林型思考の良いところを、われわれ日本人は今捨て去ろうとしているのではないでしょうか。目先の食管赤字解消だけで、世界の食糧事情の将来を考えないコメ問題、国内津々浦々に国の手でレールが敷かれている意味を無視した旧国鉄の廃線・差別運賃・分割民営、人格形成よりは受験対策のみの教育態勢、国土保全や水保全の役割りは勘定外で、木材収入からのみ非難される国有林赤字、ごみ処理、貿易、土地、車過剰、二酸化炭素対策……。いかがなものでしょうか。

東は東、西は西（二）

前の節と同じタイトルで国内の東西を。ただし、こちらはちょいと余計な息抜きの話ばかりの番外編。

箱根あるいは鈴鹿の関所で分けて、関東・関西。しかし、もっと以前からの地質学的大区分がありました。フォッサマグナです。これは本州中央部を南北に横断する大地溝帯で、わが国の地質構造を東西に大きく分けています。フォッサマグナの西縁部、糸魚川から姫川沿い、松本平を抜けて諏訪盆地、そして富士川沿いに駿河湾という日本海から太平洋に至る本州横断のこの地帯に、細長く分布している言葉があります。「ズラ弁」です。ズラ言葉は、静岡のチャッキリ節「蛙が鳴くんで雨ズラよ」で有名ですが、姫川沿いや松本、諏訪地方でも広く使われています。密かに「ズラ文化帯」と名付けたこの地帯は、わが国の文化をも東西に分けているその境界、両者が混在するところです。では、いくつか例を。

まずは、散髪屋さん。関西は昔から土足のまま、これに対して、関東（含東北・北海道）では、ひと頃まで下足を脱ぐのが通例だったように覚えています。もっとも今は少なくなったと思いま

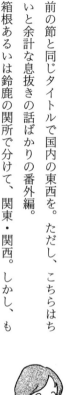

すが。そして、東では頭を洗ってから髭を剃るのに対して、西では髭を剃ってから頭を洗うのが一般的手順のようです。かつて信州松本に住んでいたとき、ここでは理髪のこの二タイプが混在していることを知りました。それぞれに理屈があり、西のすべてを終えてから洗ってさっぱりする、に対して、東は洗い流してから剃ればバイ菌が防げて衛生的、とのこと。

夏のかき氷、もっとも最近はフラッペなんてハイカラな呼び名ですが。もっとも簡単な砂糖水だけのものを、東で「すい」、西で「みぞれ」。「すい」は氷水の水、「みぞれ」は霙の意味でしょうが、かき氷の製造過程が違います。東では器にまず蜜を入れて上へ氷を掻くのに対して、西では掻いた氷の上に蜜を掛けます。ゆで小豆入りは、東で「氷あずき」、西では「氷金時」。

麺類では、東のソバに西のウドン。「ひぃ、ふぅ、みぃ、……何どき?」の落語も、東「時そば」、西「時うどん」。ネギだけの麺類の原点を東はカケソバ、西はスウドン、汁をカケると、素ウドンの意味でしょう。「きつね」の油揚げは、東が大きなまま、西がネギと煮た短冊切りでしたが、最近は関西でも関東風になってきました。「たぬき」は同じ名称でも、西ではきつねのあん掛けですが、東は天ぷらの揚げかす、東の「たぬき」は「かわうそ」がふさわしいかも。味付け具入りは、東「おかめ」、西「しっぽく」。誰もが知っているかけ汁の濃淡の差は、東の濃口、西の薄口醤油に由来していいます。ついでながら、料理一般「関西の薄味」といいますが、これは薄色といいたいものです。色を付けずに食材本来の色と味を活かすのが関西風で、それに使うのが薄口醤油。これは決して薄味ではありません。

年越しの魚、東はシャケ、西はブリ。ズラ文化帯姫川沿線では、大晦日を境に両者を使い分けています。

うなぎ丼、東の「うなどん」に対する西の「まむし」も有名。「まむし」は御飯でまぶすの意味ですが、よく蛇のマムシと間違える笑い話があります。東の背開き、西の腹開き、武士の多い江戸で腹開き（切腹）が嫌われたからとか。寿司は、東の握り鮨、西の押し鮨（箱鮨）、西のサバ鮨（棒鮨）にあたるものは東にはもともと無かったようです。なお、寿司の原形である馴れ鮨は、滋賀のふなずし、青森のにしんずし等、東西に広く分布しています。

江戸間と京間、畳の大きさが違います。東が壁芯計算、西が内法計算のためであることは周知の事実です。今は関西でも関東サイズやさらに狭い団地サイズが幅をきかせておりますが。そもそも、東と西で木造建築の基本サイズが違うわけですから、製材するときに、関東向け、関西向けの材木の採寸に気を使うことも多かったといいます。ハスとレンコン、馬鹿と阿呆、そして言葉のアクセント、東と西の違いは枚挙に暇がないところです。

カシの木といえば、関東ではシラカシ、これに対して関西ではアラカシです。街の植え込みや生け垣を見てもその差は歴然としています。本来、関西の里山にはアラカシが多く、関東のいわゆる雑木林の下生えにはシラカシが普通です。

ついでながら、日本人の大半は中学以来、英語のオークはカシと習ってきたはずです。辞書にもそう書いてあります。だが、オークは落葉性のナラやカシワであることを指摘する人が最近増えてきました。ナラやカシワとカシは同じ属の樹木ですから、英語を日本語に直す段階で、日本人に馴染みの深いカシにしてしまったのでしょうが、カシは常緑で、これは誤りでした。

人里に近い巨樹名木の類では、東に圧倒的に多いのがケヤキです。もちろん西にも巨樹ケヤキも少なくありませんが、その他にムクやエノキが目立つような気がします。クスノキが西に多いのは、関東では気候のせいで育ちにくく、昭和四十年代まで、関東では緑化用クスノキの養生が難しかったほどなのですから。なお、スギが全国区なのはいうまでもありません。

動物の関東関西。ゴキブリの種類が違うとか、モグラも住み分けているとかの話はよく聞くところですが、案外面白がられるのがゲンジボタル、東と西で明滅の間隔が違うといいます。東で四秒、西で二秒間隔、西のホタルの方が、せっかちなのでしょうか。そしてその東西の境界は、「ズラ文化帯」とほぼ一致しています。

風が吹けば桶屋が儲かる

木を見て森を見ず

ある森の中に貴重な珍しい低木があったとします。それを保護するためにその森が禁伐林に指定されました。すると森はうっそうと茂って、貴重低木は光不足で枯れてしまいました。こんな話は時折耳にします。「木を見て森を見ず」のせいです。

この言葉はもう一つ重要な意味を持っています。一本一本の木かその集団か、の問題です。

「この大木、何年ぐらい?」よくある質問ですが、これは難問です。木の高さと太さなどからは算定不能。正確には伐って年輪を数えてみないとわかりませんが、そうした大木はえてして芯が腐っていて、伐ってみてもあやふやなものです。有名な屋久島の縄文杉は、七千年と俗称されてきましたが、炭素同位体法という方法で調べられた結果、芯の空洞を除いて二千年余、空洞部分も推定して約三千五百年が正解のようです。「話半分」といえばそれまでですが、それにしても大変な年齢です。大木になるには時間がかかります。「大器(木)晩成」です。

高さや太さで樹齢をいうのはまったく当てになりません。木の高さや太さには土地条件やその生育の経過が影響するからです。孤立状態で育ってきた木が、隣同士の競争がある林の中の木よりも年齢のわりに太いのは当然です。また、孤立木は林内のものより一般に長命です。林内では、下層は光不足になるため枝が枯れ上がり、葉は梢の高いところにだけ着くようになりますから、歳をとって樹体が大きくなるほど、その木の全体量の中での葉の割合は相対的に小さくなり、ついにその木の生活を賄うだけの光合成量が得られなくなって、枯死することになります。その点、孤立木なら根元近くまで枝葉が着いていて、光合成生産不足はなかなか起こりません。

さて、競争とは、複数の生物が栄養、空間、光など量の限られた共通の生活物資を奪い合い、生物個体に悪い影響が出る現象をいいます。共通物の奪い合いですから、種類の違うものよりも、同種同士の場合の方が競争は激しくなります。人工林のような同種集団は、仲良く育っているように見えますが、実は兄弟同士、血で血を洗う競争の世界なのです。

環境条件や生育の段階が同じで、生育の密度すなわち混み方だけが違う場合を考えてみてください。閉鎖した林では、樹種によって単位土地面積あたりの葉の量はほぼ一定（『枝葉末節』）ですから、生育密度が高いほど木一本あたりの葉の配分は少なく、個体間の競争は激しくて、個体の成長は平均して悪くなります。つまり、高密度の個体は低密度のものより平均的に小さいのです。しかし、ぎっしり詰まった高密度の方が、土地面積あたりの現存量は多くなります。逆にいえば、低密度では一本一本は大きくなるが土地面積あたりの全体量は少ないわけです。農業や林業は、その土地からできるだけ多くの収穫量を上げたいのですが、一本一本があまり小さくては話になりませんから、個体がある程度以上の大きさに育つこと、土地あたり収穫をできるだけ多く得ることという、一見矛盾したことを狙って植え付け本数や間引きを考えているわけです。

「林が混み過ぎて成長が悪い」というのは個体の成長のこと。ところが収穫するときには「この山の木材量何百立方メートル」となり、ここでは森林全体、土地面積あたりの量をいっています。最終的には全体量で評価するものを、その途中では個体量を物差しにしているわけで、時には、生育の密度が高ければ全体量は多いというプラスを、個体成長というマイナスで取り違えること、なきにしもあらず。「木を見て森を見ず」になっているわけです。

生育が進むに伴って、競争に負けた木は枯れ、その林の立木本数は減っていきます。たとえば山火事の跡など、シラカンバなどの稚樹が足の踏み場もないほど密生発芽しますが、その樹高が一〇メートルほどに成長したときには、その中を人が通り抜けられる程度の本数になっています。ヘクタールあたりでいえば、数百万本から数千本に減ったことになります。多数の木が、限りある葉量を分け合い、その取り分は小さくて劣勢な木ほど少なくなりますから、劣勢木はやがて光と葉量の不足で枯れてゆきます。劣勢木から次々に枯れて立木本数が自然に減ることを自然間引きといい、この自然間引きによって、植物群落は常にその生育段階に応じた最高密度で維持されることになります。それはその土地と光を無駄なく使う自然の仕組みなのです。

自然間引きは個体間に優劣があって起こるのですから、たとえば厳選した品種の群落のように個体間の優劣が少ない群落では、自然間引きは起こりにくく、この場合はすべての個体が一様に衰えてしまいます。そこへ大風や大雪が襲うとその群落は一挙に全滅してしまうことがあり、これを共倒れと呼んでいます。強いものが生き残る自然淘汰の自然間引きは、一見過酷にみえますが、実はすべて平等の共存共衰（？）の共倒れを防ぎ、群落の維持のために必要な仕組みなのです。

さて、この自然界の法則は、人間社会には無関係なのでしょうか。過去、戦争や疫病あるときには飢饉が一種の間引きとなり、人口密度急増に歯止めがかけられてきました。もちろん、人間は共存共栄すべきであり、人間同士で戦争はしないのが大原則です。それに、医学の発達は疫病蔓延をくい止められるようになりました。戦争や疫病を決して求めはしませんが、密度減少のない共存の彼方には共倒れという生物界の原則が待っていることも忘れてはなりません。その生物界の原則を、人間尊重というもう一つの原則と重ね合わせて、どう乗り越えるか、人類の叡知はここに結集されねばなりません。まず、少数で豊かに暮らすのか多数で貧しくか、です。しかし、極端などちらかではなく、見定めるべきは適度な豊かさと人の数、それは必ずあるはずです。

鹿を追う猟師は山を見ず

丘陵地の宅地開発。それはまずそこに生えている木を伐ることから始まります。宅地が完成した後、緑化と称して木が植えられますが、それは以前よりみすぼらしい木であるのが普通です。木を伐るのは、建設工事をやりやすくするだけのためです。量り売りよりは、一定量をプラスチック容器に入れて並べた方が、スーパーマーケットは手間が省けますし、見た目もきれいです。しかし、ゴミになったプラスチック容器の後始末はスーパーではなくて自治体当局が背負い込まされています。能率化、それはそれで結構なことですが、それがある部分だけの能率化であって、その後始末にかえって手間や時間がかかるのでは、本当の高能率とはいえません。

「鹿を追う猟師は山を見ず」(謡曲善知鳥)。逐鹿者不見山、攫金者不見人(虚堂録)。よくとれば、一つのことに集中する大切さを教えるともいえますが、利益を得ることに熱中している者は他のことを顧みない、その目的が達成されるなら他のことはどうでもよい、が正解です。

産業とは利潤の追及ですから、儲けを考えるのは当然でしょう。しかし、目先の利益ばかりに走って、周囲の諸々の事情やその影響の及び方に目もくれないとしたら、これは困ったことです。

そして長い目でみたとき、それが不利益につながるとしたら、その産業にとっても問題です。周囲への影響を考えずに利益だけに走る、こんなことから環境汚染が生まれました。「公害」なんて責任を曖昧にするいい方が定着していますが、その大半は私害です。環境汚染や環境破壊の対策として、事前評価、アセスメントというものがあります。事を起こす前に、あらかじめその行為が環境にどんな影響を及ぼすかを考えて計画を見直したり、対策を立てたりするものです。山をあらかじめよく見て知っておけば、鹿も追いやすく怪我もない、「後悔先に立たず」では困る、「転ばぬ先の杖」といったところでしょうか。

さて、林業という産業は、森林から木材を採り出します。効率よく採り出す方法を考えて当然で、その手段の一つとして「皆伐」があります。皆伐とは、そこに生えている木すべてを一度に伐採し、新しい林に更新するやり方です。一度に全部伐ってしまうのですから、作業のやり方が単純簡単で能率的、作業のための機械や施設、林道などの設備投資も効率的です。また、更新後の林の状況が把握しやすく、その林を育てて行くための処置も画一的に行えますから、わが国で広く一般に用いられてきた方式です。

だからといって、目先の能率性や経済性だけが先行してはいけません。昭和四十年代、国を挙げての高度経済成長時代に、皆伐も大面積化し、世の批判を浴びました。林業自体にとっても、それはすべて有利な方法だったのでしょうか。山を見ずに鹿を追っていたのではなかったでしょうか。

皆伐の本質的な問題点は、森林という生態系を一時破壊し、大量の有機物を系外へ持ち出すところにあります。これは今まで正常円滑に動いていた物質循環系を壊してしまうことです。立木が全部伐られれば、それからの落葉など有機物の土への供給はなくなります。太陽が土壌表面に直射して温度が上がると土壌有機物の分解が進み、養分が流れやすくなり、また雨が直接地面を叩いて土壌構造は破壊されます。伐採木の搬出作業は表層土を固めあるいは攪乱し、土壌が悪くなると降雨が滲み込みにくくなり、地表を流れる水は侵食を増加させ、伐り株は腐って土を保持する能力を徐々に失います。

皆伐でもっとも注意すべきは、その土の保全です。悪化したり侵食されたりする土は、生産力のある表層の土ですから、それだけ次代の生産力が削り取られていくことを意味します。皆伐を繰り返す度に、土壌の養分量が一割ずつ減るともいわれています。目先の経済性という鹿を追うだけではいけない、やはり文字通り山を見なければ、結局は自分が損をすることになります。

さらに、皆伐によって風当たりが強くなって、更新木に風害、寒害、乾燥害が起こりやすくなり、立木が行っていた蒸散が無くなるので、その分だけ水が余って土地が湿地化することもあります。そして、皆伐が良い風景をつくるとはとても思えません。

本来、林業では伐採と更新は一体のもの、森林の造成や育て方を扱う学問である造林学は、伐採とは更新の手段であると教えています。つまり、皆伐とは、今ある森林を一斉に更新するために、今生えている木を全部伐ることなのです。ところが、伐採と更新は別ものと考えられがちで、役所でも伐る係と植える係は、課も部も違うほどです。

林業でも機械化や能率化は進みました。しかしそれは、伐採や運搬など人間的行為の収穫分野でのこと、自然力が大きく支配する更新や育成の分野での能率化は微々たるものでした。したがって、更新育成分野が収穫分野の高能率化についてゆけない、あるいは収穫分野の高能率化のために、更新に余計に手間がかかる、更新不能な個所にまで収穫が先行する、といった状態もありました。収穫分野の高能率化はその分野のものだけであってはなりません。能率化の進まない更新分野にも目を向けた、全体にとってプラスとなる高能率化でなければならないのです。

皆伐論に終始しましたが、ここで取り上げたことは森林作業に限ったことではありません。今の社会は、全体のことを考えない目先の能率や損得だけを追い過ぎの感ありです。やはり、鹿を追うにも山を見ながらでありたいものです。

杞憂

中国は周の時代、杞の国に天の崩れ落ちるのを心配して、夜も寝られない人がいました。友人が、天は空気の積もったものだから落ちないと説明すると、ならば月や星はどうして落ちないのか、と。いやあれは空気の中で光っているだけだ、と答えたらようやく安心しました（列子天瑞篇）。起こりそうもないことに悩み、取越し苦労する「杞憂」の語の起こりです。

今の世に、似た話があります。酸素が無くなる心配です。人間が呼吸に、また燃料を燃やすのに大量に使っていますから、まもなく大気中の酸素が底をつくのではないか、との心配です。そこで、無くなっていく酸素を補給してくれる森林に期待を寄せる人は多く、たとえば、大学新入生に「森林はなぜ必要か？」のレポートを書いてもらうと、森林は酸素をつくるから大切、というものが圧倒的です。緑化や森林造成を説く理由としても「森林の酸素供給」は目玉です。

しかし、今の大気の体積の二一％は酸素。これは莫大な量で、地球上の人間の呼吸に必要な量の数十万年分、それも「森林からの補給」が無くてもです。また、大気は絶えずかき混ぜられて

いますから、酸素消費の多い大都会でも、酸素濃度がとくに低くなることはありません。「酸素が無くなる」は、近い将来の使い尽くしを心配する他の資源とはまったくレベルが違う、現代の「杞憂」なのです。まずは安心して呼吸してください。

確かに、植物が光合成するときに酸素が出ます。しかし、植物自体も呼吸していますし、『土に帰す』で扱った落葉などの分解という生態系の大切な働きもあります。この呼吸や分解に大量の酸素が使われますから、森林を通じた短時間の酸素収支は、実質プラスマイナスゼロに近くなります。世間一般でよくいわれる「森林の酸素供給」は、分解に取り込む酸素は計算外で、放出だけが対象にされています。しかし、たとえ放出だけを対象にしたとしても、世界中の森林が一年間に出す酸素量は、大気中の酸素の数千分の一に過ぎません。

森林が酸素を出す働き、とくにそれを短時間・小面積でいうのは、ちょっとピント外れのようです。ただし、今日の大気中の酸素は、二〇億年以上の年月をかけて植物によってつくられたというのが定説で、こういう超長期の地質学的レベルでの話なら、それは別ですが。

同じ大気に関する問題でも、二酸化炭素というもっと現実的で重要な問題があります。

大気中の二酸化炭素濃度が世界中で増え続けています。その濃度は十九世紀末には〇・〇二九%程度でしたが、一九九〇年には〇・〇三五%になり、このままでゆけば二十一世紀前半には〇・〇六%になるといいます。そこで心配されるのが「温室効果」。大気中の二酸化炭素は、温室のガラスと同じで、太陽からの熱は素透しですが地球から出ていく熱を遮ります。したがって、その濃度が高くなると、ガラスが厚くなった地球温室の気温が上がります。地球温暖化です。

そうなると、北極・南極の氷が溶けて海に入り、また海水も膨張しますから、海面が高くなり、沿岸地域の水没が心配されています。また、雨の降り方が変わって、北米や東欧などの穀倉地帯が乾燥する、といった気象変動が地球上の各地で起こるといわれています。

人類の将来を制しかねない二酸化炭素濃度上昇の原因として、誰もが思い当たるのが、石油など化石燃料の燃焼でしょう。しかし、その原因がもう一つあり、それが世界的規模の森林破壊であることは、案外知られていません。一年間に放出される炭素は、化石燃料燃焼によって約六〇億トン、森林破壊によって三〇億トン、その比は二対一、と概算されています。

森林は、光合成で取り込んだ炭素を大量に蓄積している炭素貯蔵庫です。全世界の森林が蓄えている炭素量は大気中のそれの約二倍、このことは、世界の森林の半分を燃やせば大気の二酸化炭素濃度は倍になることを意味します。ちなみに、そのとき大気の酸素は一五〇〇分の一ほど減るだけ。酸素より二酸化炭素の問題が千倍も重要ということがわかるでしょう。

安定した森林では、光合成で取り込むのと同量の炭素が、呼吸や分解によって大気に戻されるのが本来の姿です。しかし、人口急増に伴って燃料材を採ったり農地を開発したりすることで、途上国を中心に急速に森林破壊が進み、その分だけ炭素が放出されますから、炭素の放出は吸収を大きく上回っています。森林が減っていくスピードは、毎年一五四〇万ヘクタール（一分間に二九ヘクタール、甲子園球場グランド二〇枚に相当！）ずつと計算されています。

一方、大気の二酸化炭素濃度が上昇すれば、森林がその分だけ盛んに光合成し、濃度引き下げに働くことが期待されます。森林はその意味で炭素の自動制御装置なのですが、それに働くべき森林自体を人間が減らす、つまり自動制御装置を取り外しているのですから話になりません。

森林が生育できるのは、地球陸地の三分の一、海も含めた地球全面積の一一分の一。その限られた面積に、森林として、地球上の植物量の九〇％もが詰め込まれ、植物生産量の四〇％余が生産されています。この巨大な自動制御装置付き炭素貯蔵庫が減れば、地球環境に大きな影響が及ぶのは当然です。森林を農地や牧場へうまく転換でき、緑の量自体には大きな変化がなかったとしても、それが貯留する炭素の量は桁違いに小さく、その差だけ大気の二酸化炭素は増加します。

地球環境に関する森林の働きはこれだけではありません。水保全、土保全等々、森林は不可欠の存在です。森林、それは人類生存のための地球環境のバックボーン。二十一世紀に人類が生き残るための秘訣の一つが森林保全です。人類滅亡を「杞憂」に終わらせるためにも。

風が吹けば桶屋が儲かる

いまの若い世代の多くは、「風が吹けば桶屋が儲かる」をご存じないらしいので、まずはそのご案内を。風が吹けば埃が立つ、眼に入る、眼の不自由な人が増える、昔は目の悪い人々が音曲の道に志すこと多く、その人たちが三味線を習う、三味線の需要が増える、三味線の胴に張るネコの皮の需要が増える、ネコが減る、ネズミが増える、ネズミが桶を齧る、桶の需要が増えて桶屋が儲かる。あるいは、ネズミが柱を齧り、家が倒れ、死人がでる、早桶（急造の粗末な棺）が必要で桶屋が儲かる、とも。

笑ってはいられません。現代版「風が吹けば……」の例を三つ挙げてみましょう。

①家にノミが出ると、南極のペンギンの子供の数が減る。
②電気産業が儲かると、釣道具屋が破産する。
③平和が続くと、東京が水没する。

①ノミとペンギンはすでに起こったこと、一九六六年に報告されました。かつての殺虫剤の王

者DDTは、家庭用のみならず、農薬としても大量に使われました。DDTは大気や河川を経由して海に入り、プランクトンの体内に取り込まれ、それを餌にする魚、さらにそれを餌とする魚と次々に移動しました。一旦体内に取り込まれたDDTは容易に排出されることなく、魚を経由する度に次々と魚の体内に濃縮されていきました。これを生物濃縮といいますが、こうして濃縮されながら海を旅したDDTはついに南極に至り、最終的にそれを餌にするペンギンの体内に蓄積されました。南極では、それまでDDTを使ったことは無かったのですが、その南極のペンギンの体から、何とイギリスの野生動物と同濃度のDDTが検出されたのです。DDTはカルシウムの代謝に影響し、ペンギンの卵の殻が薄くなり、その孵化率も著しく低下しました。

②次に釣道具屋の破産。電気産業が好景気であることは、電力消費量が増えることにつながり、発電量増強のために化石燃料の消費が増えます。その燃焼に伴って激増する排出ガス、硫黄や窒素の酸化物は、雨に溶けて落ちてきます。酸性雨です。西ヨーロッパ諸国から排出された酸化物は、風に乗って遠方の北欧諸国に至って酸性雨となり、北欧に多い湖沼が酸性化し、一九七〇年代末には、多くの湖沼が魚の住めない状態になりました。こんな湖ばかりになれば、釣道具屋は破産せざるを得ません。なお、その後も酸性雨の被害は拡大し、ヨーロッパや北米では、森林が次々と枯れるという事態を招いています。

③東京水没は、『杞憂』で扱った二酸化炭素問題、温室効果の話です。平和な時代とは、大戦争や飢饉、疫病などがない時代のことで、こうした時代が続けば、地球人口はますます増加します。その人口増加の九〇%が熱帯域などの途上国に集中するのですが、これらの国々では今も燃料としての木材使用量が多く、人口増に伴ってタキギ集めは大仕事になり、森林破壊が進みます。それに、食料確保のための農地や牧場化はまた森林を潰します。その一方で、世界的にさらに盛んになる人間活動は、ますます化石燃料を燃焼します。こうしたことは確実に大気中の二酸化炭素の濃度を上昇させ、地球温暖化を招くのです。憂慮される海面上昇は、東京のみならず、沿海部に多い世界の大都会や工業地帯にも海水侵入をもたらすことになります。

現代版「風が吹けば…」は、われわれの身の回りにも溢れています。水に流せば薄められてしまうはずだった有機水銀やカドミウムが、生物濃縮されて水俣病やイタイイタイ病を引き起こしました。ビルを建てたらそれが衝立のようになって風が強く渦巻き、洗濯物が干せなくなったり、化学肥料や石油燃料のおかげでマツ林の土壌が良くなり、それがマツタケの不作を招いたり。無味無臭無刺激、溶解・燃焼・爆発・腐食・毒性なしの理想的なガスであったはずのフロンは、その性質のために成層圏にまで及んでオゾン層を破壊、紫外線が増え、皮膚癌が増加しています。

日本三景の一つ天の橋立は、海上四キロメートルに延びる砂嘴とその上のクロマツ並木で有名な、まさに白砂青松の代表格です。しかし、丹後半島の砂防工事が進んで、橋立の砂嘴への砂の供給が少なくなり、砂嘴は波に侵食されて瘠せる一方です。だからといって砂防工事を責めることはできません。いま橋立は、砂嘴の堤防造成や砂の運び込みで守られています。

自然界には人の知恵の遠く及ばない因果関係が存在します。それを知らずに、あるいは知らないふりをして、安易に自然界に手をつけ、その予想外の起承転結が今日の環境問題をもたらしました。その規模は身の回りの小さなものから、地球全体を覆う大きなものにまで至ります。

ある生物にとっての環境は、その影響の受け方に差はあるとしても、他の生物の環境でもあります。環境と生物とがつくる個々の小単位が、共通の環境や生物を通じてつながり合い、重なり合って、次第に大きな単位となり、どこが始まりでどこが終わりということなく、簡単には切り離せないのが自然界です。ここでいう生物の中にはもちろんヒトも含んでいます。この「縫い目のない織物」にも例えられる無限のつながりのどこかにトラブルを起こせば、その影響は共通の環境や生物を通じて無限に波及して、予想外のところに、あるいは地球全体に予想外の結果をもたらすことになります。

ここで話題にした現代版「風が吹けば…」は、ほんのいくつかの例に過ぎません。

天衣無縫

現代版「風が吹けば…」は、地球は「縫い目のない織物」のように、継ぎ目がないことを教えてくれました。縫い目のない織物、「天衣無縫」。詩文などで技巧のあとがなく、ごく自然で完全なことのたとえですが、天人の衣には縫い目がないとされることがその由来です。

自然界は生物と環境がつくる系、すなわち生態系から成り立っています。自然界の無数の小生態系は、共通の環境や生物を介して結び付き、相互補完的でより大きな循環系を成しますが、それはさらに大きな循環系の一部であるという複雑な構造になっています。その構造は微妙な平衡状態を保ちながら地球全体を包み込み、地球という大生態系に至ります。縫い目はありません。

何億年という長い年月をかけてでき上がったこの複雑微妙な地球生態系を乱しているのが、ごく最近地球上に現われたばかりのヒトという生き物です。ヒトは自らを知恵がある優れた生物だと称していますが、もし本当に優れた生物なら、自らの手で自らの生存の基盤を壊すようなことはしないでしょう。この点、ヒトの知恵はまだたかが知れているといわれても致し方ありますまい。なにしろヒトは、四六億年の歴史を持つ地球の住み方にまだ慣れていない、ほんの四、五百万年前からの新参者なのですから。

この新参者は、走らせてもせいぜい時速三六キロ、それも二〇〇メートル持続するのがやっとですし、空も飛べません。しかし、知恵というものを持っていました。火を使い、道具をつくり、機械を操るヒトは、便利な生活の仕方を編み出し、他の動物より速く走り、高く飛ぶようになりました。貧弱な体力を知力で補強し、優れた能力を身につけたヒトは、「万物の霊長」と自称し、生物進化の絶頂にいると過信しています。それに、最近の繁殖速度の凄さはどうでしょう。

生物の進化は時間がかかるものです。ごくゆっくりと進む進化には、その生物を取り囲む環境との間の平衡を破ることはめったにありません。しかしながら、火や道具や機械の力を借りたヒトの「進化」と増殖速度はあまりにも急激で、それは環境の急激な変化を招きました。環境との調和を図る努力を忘れていた、というよりは知らないふりをしてきたヒトは、今それを後悔し始めているようです。しかし、ヒトはその誤ちを本当にわかっているのでしょうか。

暴走ともいえる人間活動が生んだ環境汚染や環境破壊が、世界の各国で大きな社会問題として浮上したのは一九六〇年代のこと。環境と生物や人間の複雑な因果関係がわかってくるにつれて、環境問題は複雑かつ広範で、それまでの個々単独の学問分野では対応できず、諸分野を総合するものが必要になってきました。必要に迫られて、「環境科学」が誕生しました。

総合的な視野が必要な環境科学は、いくつかの特徴的な性質を持っています。まず、学際的（複数の学問の境界や重複部分を重視、複数の学問の相互乗り入れ）であること。次に、人類生存のための環境を扱う学問であること（『情けは人の為ならず』）。解決すべき目的や課題がはっきりしていること。さらに、予測性が重視されること。環境破壊が起こってから、その原因を究明することももちろん大切ですが、実はそれでは手遅れなのです。水俣病が有機水銀の生物濃縮によるものであることは後でわかったことであって、実際に大切だったのは、有機水銀を海に流せばどうなるかを先に予測することだったのです。確かに予測は危険であり、冒険でもありますが、予測性の無いところに新しいものが生まれるのは、偶然に頼る他ありません。新幹線は、走らせてみたら時速二〇〇キロが出たのではなくて、二〇〇キロを出すべくして誕生したのです。

環境科学は、人類の明日のための科学です。しかし、広範でかつ総合化を目指すその全体が掌握できる全知全能の人などいるはずがありません。とはいうものの、環境問題を放置するかぎり、人類の将来は暗く、どうしてもこの問題の解決が必要なのです。ならば、全知全能でない個人個人にできることは、自分の専門を中心にしながらも、他分野にできるだけ接近して、その分野の考え方でも、天衣の如くに無縫の自然界をみられるような眼を養うことでしょう。

自分の部屋の冷暖房はできても、その排気は共有の環境へ排出している人間です。自分たちの環境のことであるのに、「地球にやさしい……」とまるで他人ごとのようにいう人間です（『情けは人の為ならず』）。バラ色の未来予測よりも、今のままでは人類の悲劇的な終末は避け得ないとする予測の方が正しいような気がします。悲劇的終末を免れる方策の提案を、環境科学はすでに出しつつあり、またこれからも出してくれるでしょう。しかし、環境科学だけでは問題は解決しません。その提案を実現するのは人間です。目先の経済性やエゴイズムなどが環境問題に優先するかぎり、環境科学は「理想の飾り物」であり、「絵に描いた餅」に過ぎません。

われわれには、まだ時間的余裕はあるのでしょうか。いま人類が環境問題に本気で取り組んでいるとはとても思えません。一日で倍に増える細菌を培養し、十日で培養シャーレの全面が覆われるとしましょう。シャーレの半分が覆われるのは、五日目ではなくて九日目なのです。われわれは、今五日目にいるつもりでも、それは九日目かも知れないのです。

龍頭蛇尾――おわりに――

原稿が完成に近づいた一九九六年七月、「月刊言語」誌（大修館書店）に組まれた「ことわざ学のすすめ」という特集を目にしました。碩学の文章が並ぶ中に、ジョン・ラッセルの言葉と伝えられることとわざの定義「万人の知恵、一人の機知」を発見、なるほどうまくいったものだとさらに読み進めば、折口信夫の言として「ことわざは神授の詞章すなわち人の口を介して発せられる神の声」とありました。それをはじめとして、ことわざの持つ複雑な性格とその深みを、この特集から改めて知らされ、いささか慌てました。これは大変なことをしてしまった。『ことわざの生態学』なんて、とんでもないタイトルを掲げたもの、「井の中の蛙」が「蟷螂《とうろう》の斧」を振り挙げて「蛇に怖じず」もいいところ、だと。しかし「乗りかかった船」、すでに「賽は投げられた」、でも、もしかして「鳶が鷹を生む」……奇跡を信じましょう。

森林をめぐるいくつかの話題を通じて、この本から、永い歴史の間に自然が巧まずして生み出してきたルールに学び、それを人間社会にも応用すること、目先の利益でなく総合的な視野で眺める態度、そんなことが必要だと少しでも感じてもらえたら、嬉しく思います。しかし、「神授の詞章」にほど遠いのはもちろんながら、はじめの意気込みもどの程度達成されたか、それも疑問。龍頭はやはり蛇尾に終わったかな、と終わりにあたって感じております。

この書物を「桜木に上す」（本文『これはこれはとばかり…』をご参照ください）にあたっては、多くの方々の支援がありました。雑誌「林業技術」発行元の日本林業技術協会には、初出誌として「ことわざの生態学」のタイトルの再使用と掲載文書のリライト転載を快く認めて頂きました。他に、「地理」（古今書院）、「信州の旅」（信州の旅社）、「岳」（岳俳句会）、「随想森林」（土井林学振興会）、「人口」（ウチダ出版会）、「健康」（月刊健康発行所）、「青淵」（龍門社）などの雑誌、「森と人間の文化史」（日本放送出版）、菅原聡編「森林」（地人書館）などの書物は、今回書き改めたもののオリジナルを掲載してくれた出版物です。また、丸善株式会社出版事業部の松嶋徹、中村俊司、崎谷和代の三氏には、ちょっとうるさい出版計画を私の意図通りに進めていただきました。それぞれに厚く御礼申し上げます。そして、章のタイトル文字は妻の良子が、イラストは娘の良枝が、文章校閲と整理は娘の良佳が担当してくれました。内輪の話ながら、多謝々々です。

一九九六年十二月

只木　良也

著者紹介
只木良也（ただき よしや）
名古屋大学名誉教授．農学博士

1933年京都市生まれ．1956年京都大学農学部卒業．農林省林業試験場勤務・研究室長を経て，信州大学理学部教授，名古屋大学農学部教授，プレック研究所生態研究センター長，国民森林会議会長等を歴任．現在は京都府立林業大学校学校長，国民森林会議顧問．専門は森林生態学，造林学，森林雑学．
主な著書に『新版 森と人間の文化史』（NHKブックス），『森の文化史』（講談社学術文庫），『森林環境科学』（朝倉書店），『森の生態』（共立出版）ほか多数．

新装版
ことわざの生態学 —— 森・人・環境考

令和2年1月30日　発　行

著作者　只　木　良　也

発行者　池　田　和　博

発行所　丸善出版株式会社
〒101-0051 東京都千代田区神田神保町二丁目17番
編集：電話(03)3512-3263／FAX(03)3512-3272
営業：電話(03)3512-3256／FAX(03)3512-3270
https://www.maruzen-publishing.co.jp

組版印刷・製本／大日本印刷株式会社

ISBN 978-4-621-30488-4　C 0040　Printed in Japan